초등교사 엄마와 놀면서 깨우치는 수학 놀이 139

개념 잡는
엄마표
수학 놀이

초등교사 엄마와 놀면서 깨우치는 수학 놀이 139

개념 잡는
엄마표
수학 놀이

초판 1쇄 발행 2022년 4월 25일

지은이 | 장예원

펴낸이 | 박현주
디자인 | 인앤아웃
책임 편집 | 김정화
아이 모델 | 한은수
마케팅 | 유인철
인쇄 | 도담프린팅

펴낸 곳 | (주)아이씨티컴퍼니
출판 등록 | 제2021-000065호
주소 | 경기도 성남시 수정구 고등로3 현대지식산업센터 830호
전화 | 070-7623-7022
팩스 | 02-6280-7024
이메일 | book@soulhouse.co.kr
ISBN | 979-11-88915-57-6 13590

초등교사 엄마와 놀면서 깨우치는 수학 놀이 139

개념 잡는 엄마표 수학 놀이

초등교사 장예원

SOULHOUSE

아이가 좋아하는
놀이로 수학 감각을 길러요

최근에 아이가 숫자에 관심을 가지고, 수에 대한 질문을 많이 해서 어떻게 수학을 시작해야 할지 고민이 많았어요. 엄마표 수학을 할 자신이 없었는데,《개념 잡는 엄마표 수학 놀이》를 보고 수학 홈스쿨링에 자신감을 갖게 되었어요. 특히 각 영역의 앞부분에 있는 개념 설명 부분이 큰 도움이 되었어요. 아이 눈높이에 맞춘 쉬운 설명을 보고 그대로 아이에게 이야기해주니 잘 이해하더라고요. 또 놀이마다 엄마 선생님 도움말을 읽으니 놀이하며 어떤 것에 초점을 맞춰야 할지도 알 수 있어 좋았어요. 무엇보다 아이가 놀이를 정말 좋아하고, 조금씩 수 감각이 길러지는 것 같아서 뿌듯해요. 저와 같이 유아 수학을 어떻게 시작하고 실천해야 할지 고민하는 분들께 적극적으로 추천하고 싶어요.

똑똑이맘 고은지

초등학교 선생님이 쓰신 책이라 아이들이 어떤 개념을 많이 어려워하는지 짚어주고, 어려워하는 부분을 어떻게 준비해나가면 되는지 명쾌하게 알려줘서 좋았어요. 평면도형의 이동은 저 또한 학창시절에 어렵게 느꼈던 부분인데 지금부터 아이와 함께 공간 감각을 기를 수 있는 놀이를 많이 해야겠단 생각이 들어요. 운 좋게《개념 잡는 엄마표 수학 놀이》를 만나 우리 아이가 앞으로 헤쳐나갈 수학 학습의 긴 여정을 즐겁고 유익하게 시작할 수 있을 것 같아요!

에너지 넘치는 쏙쏙이맘 한수아

아이가 학교에 입학해서 수학을 어려워할까 봐 집에서 수학 공부를 하고 있었어요. 덧셈과 뺄셈, 구구단 암기 등 나름 열심히 노력했지만 수학 학습의 방향을 놓치고 있었더라고요.《개념 잡는 엄마표 수학 놀이》를 읽으며 계산 방법을 익히기 전에 정확한 원리와 개념을 정확하게 아는 것이 진짜 수학 실력이라는 것을 깨닫게 되었습니다. 전처럼 마냥 열심히만 했다면 놓치는 부분이 정말 많았을 텐데, 무엇이 중요한지 알고 수학 학습 방향을 올바르게 잡을 수 있어서 정말 기쁩니다. 이렇게 수학 개념을 하나씩 잡다보면 입학 후 수학 학습을 할 때도 자신감을 가지고 '진짜 수학 실력'을 기를 수 있겠어요!

북적북적 행복한 삼형제맘 김귀애

워킹맘이라 아이 수학을 가르치는 것이 여건상 쉽지 않은데, 준비가 간단한 놀이이고 준비물도 대부분 집에 있는 것들이라 주말에 한두 개씩 해보고 있어요. 아이와 시간을 함께 보낼 수 있어 좋고, 그 시간이 유익해서 더 만족스러워요. 연산 같은 경우는 쉽게 계산하는 방법을 가르쳐주려고 노력했는데, 그 전에 연산의 원리를 알아야 응용문제나 유형이 섞인 문제에서 실수를 하지 않는다는 글을 보고 정신이 바짝 들었습니다. 원리를 가르쳐주는 것이 어려울 것 같았는데, 놀이 후에 질문을 해보니 아이가 그 원리를 조금씩 파악하기 시작하는 것 같아서 정말 기뻤습니다. 《개념 잡는 엄마표 수학 놀이》 덕분에 제 마음에 무겁게 차지했던 돌덩이가 내려간 것 같습니다. 바쁜 일상이지만 가끔 이렇게 놀이를 하는 것만으로도 효과가 좋으니 조금씩이라도 꾸준히 해봐야겠습니다.

딸둘맘이자 워킹맘 심윤희

어떻게 하면 우리 아이가 수학을 잘할 수 있을지 고민하다가 만나게 된 책이에요. 수포자는 수학에 재능이 없는 것이 아니라 잘못된 공부 방법 때문이라는 글귀를 보고, 공부 방법만 잘 잡아나가면 되겠다는 생각이 들었습니다. 수학에서 가장 중요한 것이 개념이고, 그 개념을 아이들이 좋아하는 재료를 직접 조작하며 스스로 파악하는 것이 꼭 필요한 과정이네요. 《개념 잡는 엄마표 수학 놀이》에 있는 놀이를 함께하며 아이가 다양한 방향으로 사고하고, 손으로 열심히 조작하는 모습을 보니 엄마로서 참 뿌듯합니다. 이렇게 놀이로 쌓은 개념이 아이의 수학 실력을 뒷받침해줄 거라 생각하니 정말 설레고 기대됩니다.

서우형제맘 황선영

이 책은 초등학교 수학 교육과성의 다섯 가지 영역(수와 연산, 도형, 측성, 규칙성, 자료와 가능성)을 모두 포함하며, 놀이마다 초등 수학과 연계된 내용을 다루고 있습니다. 입학 전에 이 놀이들을 아이와 함께하면 초등 수학을 학습하는 데 있어 필수적인 수 감각, 도형 감각 및 수학적 사고력을 효과적으로 기를 수 있을 것입니다. 아이의 두뇌 및 인지 발달에 좋은 놀이 구성으로 꾸준히 함께하다 보면 좋은 결과가 있을 것이란 확신이 듭니다. 수학에 대한 첫인상이 결정되는 시기인 만큼 아이가 좋아하는 활동으로 시작하여 오감을 자극하고 사고력 및 수학적 감각을 키워두면 초등 수학 실력에 있어 큰 경쟁력을 갖게 될 것입니다. 취학 전 혹은 초등 저학년 아이들을 둔 부모님께 적극적으로 추천합니다.

초등교사이자 육아맘 하서경

개념을 효과적으로 잡는 방법,
수학 놀이가 정답입니다

우리가 흔히 사용하는 '수포자'라는 단어가 국어사전에도 실려 있다는 사실을 아시나요? 그만큼 수학을 포기하는 학생이 많은 현실을 보여주는 것 같아 마음 한편이 씁쓸해집니다. 한 설문 조사에서 학생들에게 가장 싫어하는 과목을 물은 결과 수학이 45.4%로 1위를 차지했다고 합니다. 저 또한 학교에서 수학으로 인해 힘들어하는 아이들을 많이 보았습니다. 특히 새내기 교사 시절, 아이들과 즐겁고 재미있게 수업을 하고 싶은 저의 마음과 달리 수학을 어려워하고 싫어하는 여러 학생들을 보며 깊은 고민에 빠지게 되었습니다. 아이들은 대체 왜 이렇게 수학을 싫어하고 어려워하는 것일까요?

그것은 바로 수학이 아이들에게 마치 다른 나라말과 같이 낯설게 느껴지기 때문입니다. 수학은 세 개의 사과를 '3'이라고 표현하는 것처럼, 인간이 현실에서 사고하는 것을 추상화하여 개념으로 표현한 것이에요. 숫자와 기호, 공식 등이 모두 아이들에게 잘 모르는 외국어와 같이 낯설게 느껴진다고 생각하면 아이들의 먹먹한 마음을 좀 더 쉽게 이해할 수 있을 거예요. 게다가 학년이 올라갈수록 점점 더 어려운 개념과 공식이 더해지니 낯선 수학 나라말을 배우는 게 힘들 수밖에요. 수학을 어려워하는 이유를 거꾸로 생각하면 수학을 쉽게 공부할 수 있는 방법도 알 수 있어요. 바로 아이들에게 익숙한 '현실'을 통해 '수학'의 세상으로 들어가는 것입니다. 즉 아이들이 사는 현실 속의 구체물(사탕, 바둑알 등)과 익숙한 놀이로 낯선 수학 나라의 언어인 기호와 개념을 공부하는 것이죠.

이렇게 공부하면 수학 개념을 쉽게 익힐 수 있을 뿐만 아니라 수학 학습에 필요한 필수 능력인 수 감각과 공간 감각도 효과적으로 기를 수 있습니다. 수 감각이 좋은 아이들은 19+6과 같은 문제를 만나면 수를 구조화해 20+5로 계산할 수 있으며, 수학 문제를 풀 때도 실수하거나 오답을 낼 확률이 낮습니다.

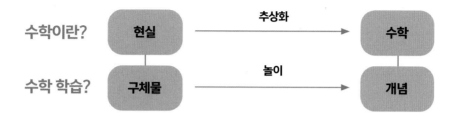

그 효과를 알고 나서부터 더욱 적극적으로 색종이, 초콜릿 같은 구체물을 자르며 분수 공부를 하고, 오이를 굴리고 조각내며 원기둥을 공부하는 등 다양한 놀이를 통해 수학 수업을 하기 시작했습니다. 그 결과 아이들이 하나둘 수학에 마음을 열고, "선생님, 수학 시간이 기다려져요!"와 같은 꿈만 같은 말을 하기 시작했습니다. 처음 그 이야기를 듣고 감격했던 그 순간을 아직도 잊을 수 없습니다. 물론 수학 성적 향상은 자동으로 따라왔지요.

취학 전 아이들에게도 수학 놀이는 필수입니다. 만 2~3세가 되면 수에 관심을 두게 되고 간단한 비교와 분류 등이 가능해집니다. 이때부터 일상생활에서 수에 대한 이야기를 자주 나누고 수학 놀이를 꾸준히 하다 보면 그 경험을 토대로 탄탄한 개념을 쌓는 저력을 기를 수 있습니다.

이 책에는 3~7세 아이들을 대상으로 초등 수학과 교육과정의 5영역(수와 연산, 도형, 측정, 규칙성, 자료와 가능성)과 연계된 기초 개념을 다루는 놀이가 수록되어 있습니다. 기존의 유아를 위한 수학 교육은 숫자를 읽고 쓰거나 더하고 빼는 것과 같이 수 인식에 대한 학습에 한정된 경향이 있었습니다. 하지만 3~7세는 수학적 감각 및 사고력을 폭발적으로 키울 수 있는 매우 중요한 시기이므로 수학의 모든 영역을 경험하며 개념 탐구능력 및 문제해결력을 기를 수 있도록 해야 합니다.

오늘부터 아이와 함께 《개념 잡는 엄마표 수학 놀이》의 놀이를 하루에 하나씩 꾸준히 해보시기 바랍니다. 수학을 대하는 태도와 이해하는 방식이 달라지고, 초등학교 입학 후 수학 학습에 대한 자신감을 갖게 해줄 것입니다.

초등교사 장예원

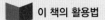

이 책의 활용법

이 책으로 보다 재미있고 효과적인 수학 놀이를 하는 방법

1. 영역별 수학 핵심 개념을 살펴보고 아이가 놀이를 통해 궁극적으로 익혀야할 개념을 미리 인지합니다.
2. 영역별 놀이는 학습 순서에 따라 구성되어 있으니 앞에서부터 차근차근 활동하면서 수학 개념을 하나씩 익히는 것이 좋습니다. 하지만 아이와 함께 놀이를 살펴보며 아이가 원하는 놀이를 선택해서 재미있게 노는 것도 좋습니다. 모르는 개념이어도 놀이를 통해 아이가 수학적 경험을 하면서 자연스럽게 익힐 수 있습니다.
3. 보호자가 미리 책에 수록한 놀이의 과정과 핵심 개념을 인지하고 아이의 수학 놀이를 도와주는 것이 효과적입니다.
4. 놀이의 모든 과정과 결과가 완벽하지 않아도 됩니다. 아이와 수학 놀이의 과정을 함께하며 아이가 수학적 경험을 충분히 즐기도록 도와주세요.
5. 놀이의 과정 중간이나 놀이 이후, '수학 개념 카드'를 활용해 각 놀이에서 익혀야 하는 수학 개념을 확인하세요.

초등학교 수학 교육과정의 5가지 영역(수와 연산, 도형, 측정, 규칙성, 자료와 가능성)에서 무엇을 배우는지 알려주고 교과과정과 연계된 내용을 소개합니다.

이 영역에서 꼭 알아야 하는 핵심 개념을 뽑아 수록했으니 놀이 활동 전에 미리 살펴보세요.

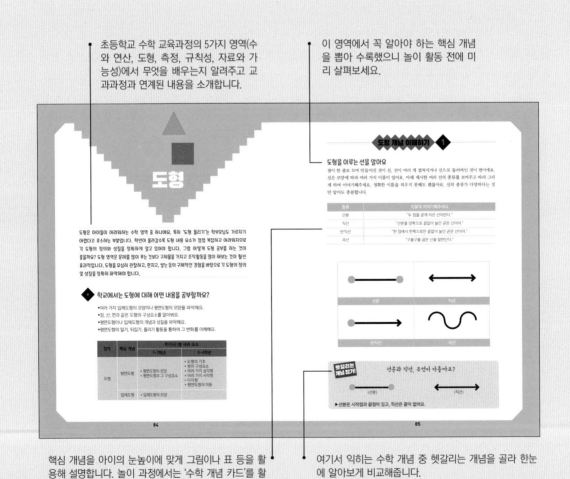

핵심 개념을 아이의 눈높이에 맞게 그림이나 표 등을 활용해 설명합니다. 놀이 과정에서는 '수학 개념 카드'를 활용하면 좋습니다.

여기서 익히는 수학 개념 중 헷갈리는 개념을 골라 한눈에 알아보게 비교해줍니다.

8

놀이 전 기억해주세요

1. 놀이 활동을 살펴 준비물은 미리 준비합니다. 아이와 함께 준비물을 찾으면서 흥미도를 높여주세요.
2. 수학 놀이를 할 때는 주변을 정리해서 아이가 놀이 활동에만 집중할 수 있도록 해주세요.
3. 아이에게 수학 학습 결과를 익히도록 강요하기보다는 자연스럽게 놀이로 흥미를 느끼게 도와주세요.
4. 숫자 카드나 숫자 모양 자석처럼 여러 활동에서 자주 사용하는 교구는 비슷한 교구를 구입해서 활용해도 괜찮습니다.
5. 놀이에 활용하는 도안, 표 등을 프린트해서 활용할 수 있도록 QR 코드를 넣었습니다.

놀이에서 얻을 수 있는 수학적, 인지적, 신체적 효과입니다.

놀이에서 익힐 수 있는 수학 개념과 활동의 난도를 고려해 난도 단계를 표시한 것으로 ★이 많을수록 난도가 높습니다.

수학 놀이를 하면서 아이의 눈높이에 맞춰 수학 개념 학습을 도와주는 대화 예시입니다.

각 활동에서 익힐 수 있는 수학 개념입니다.

놀이를 할 때 이해를 돕고 놀이를 더 수월하게 진행하는 데 도움이 되는 팁입니다.

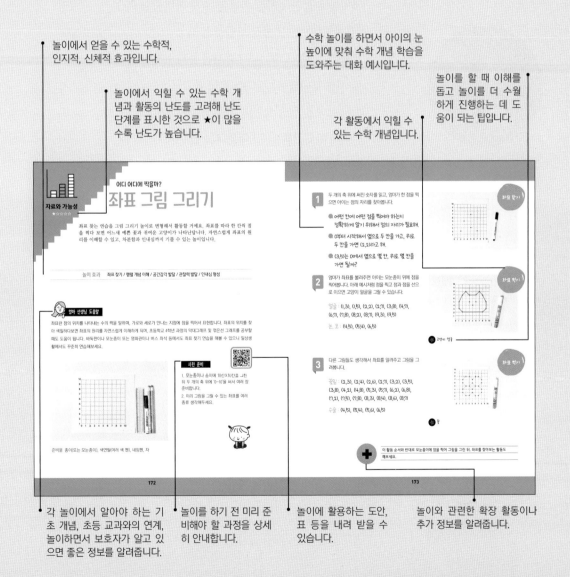

각 놀이에서 알아야 하는 기초 개념, 초등 교과와의 연계, 놀이하면서 보호자가 알고 있으면 좋은 정보를 알려줍니다.

놀이를 하기 전 미리 준비해야 할 과정을 상세히 안내합니다.

놀이에 활용하는 도안, 표 등을 내려 받을 수 있습니다.

놀이와 관련한 확장 활동이나 추가 정보를 알려줍니다.

수와 연산

도형

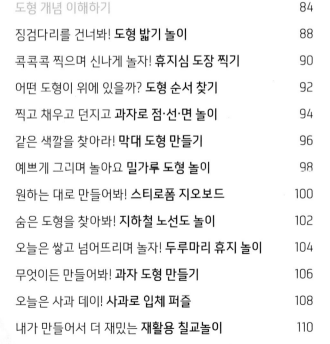

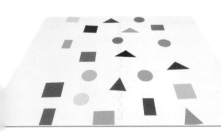

측정

규칙성

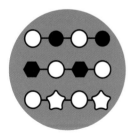

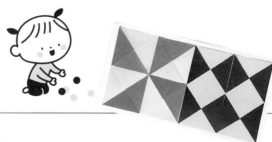

자료와 가능성

1+2 =3 수와 연산

'수'는 수학에서 다루는 가장 기본적인 개념으로, 교과 학습을 위해 필수적으로 학습해야 합니다. '수'를 학습할 때는 수를 읽고 쓰는 활동뿐만 아니라 주변의 사물을 이용한 가르기와 모으기, 묶어 세기와 뛰어 세기 같은 경험을 통해 수의 구조와 관계를 알아가야 합니다. 즉, 구체적 경험을 통해 개념을 쌓는 것이 우선이고, 문제풀이는 그다음입니다. 수학을 공부할 때 무조건적인 암기 및 기계적인 학습은 실수를 낳기 마련입니다. 이 책의 놀이를 통해 수 세기를 연습하고 그 기초 위에 연산을 학습하면 수학 과목에 대한 경쟁력을 기를 수 있습니다.

 학교에서는 수와 연산 영역에서 어떤 내용을 공부할까요?

- 사물의 개수나 양을 나타내기 위해 수 세기를 경험해요.
- 점점 큰 수로 범위를 넓히면 알아가요.
- 수 세기를 편리하게 하는 방법으로 자연수의 사칙계산 방법을 공부해요.
- 자연수로 나타낼 수 없는 양을 표현하기 위한 분수와 소수를 알아봐요.

영역	핵심 개념	학년(군)별 내용 요소	
		1~2학년	3~4학년
수와 연산	수의 체계	• 네 자리 이하의 수	• 다섯 자리 이상의 수 • 분수 • 소수
	수의 연산	• 두 자리 수 범위의 덧셈과 뺄셈 • 곱셈	• 세 자리 수의 덧셈과 뺄셈 • 자연수의 곱셈과 나눗셈 • 분모가 같은 분수의 덧셈과 뺄셈 • 소수의 덧셈과 뺄셈

수를 읽고 셀 수 있어요

수 세기는 수학의 가장 기초가 되니 정확하게 알고 넘어가야 해요. 수를 셀 때는 구체물을 가지고 사물 하나에 수 이름을 하나씩 부르며 연습해보세요. 숫자 이름은 '일, 이, 삼…', '하나, 둘, 셋…' 두 가지로 셀 수 있어서 그 둘을 짝짓는 게 어려울 수 있어요. 처음부터 '하나 일, 둘 이…'로 붙여서 익히는 것도 좋은 방법이에요.

0 영	"아무것도 없는 것을 의미해."	**10** 열 십		10개씩 1묶음
1 하나 일	▢			
2 둘 이	▢▢	**100** 백		10개씩 10묶음
3 셋 삼	▢▢▢			
4 넷 사	▢▢▢▢			
5 다섯 오	▢▢▢▢▢	**1000** 천		100개씩 10묶음
6 여섯 육	▢▢▢▢▢▢			
7 일곱 칠	▢▢▢▢▢▢▢			
8 여덟 팔	▢▢▢▢▢▢▢▢			
9 아홉 구	▢▢▢▢▢▢▢▢▢			

헷갈리는 개념 잡기!

수와 숫자, 무엇이 다를까요?

10은 1과 0이라는 '숫자'로 이루어진 '수'

▶ 숫자는 수를 나타내는 기호(0~9) 그 자체를 말하며, 수는 셀 수 있는 사물의 크기를 나타내는 값을 말해요.

모으기와 가르기를 알아요

덧셈과 뺄셈을 공부하기 전에 사탕, 블록 등으로 모으기와 가르기를 충분히 연습해야 해요. 구체물로 수를 만지며 수 감각을 기르지 않으면, 응용문제를 풀 때 어려움이 생겨요. 2부터 10까지의 수를 차례대로 모으고 가르는 연습을 하면, 덧셈 뺄셈을 할 때 실수를 줄이고, 받아올림과 받아내림이 있는 연산도 쉽게 풀 수 있어요.

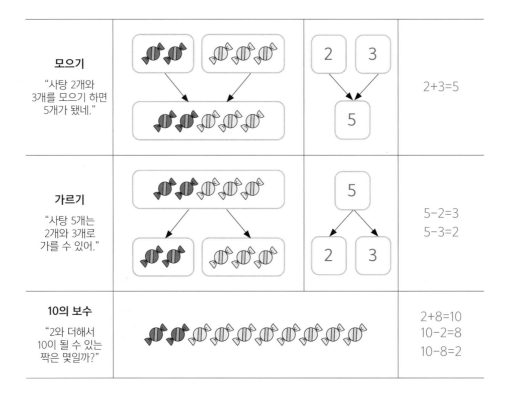

모으기 "사탕 2개와 3개를 모으기 하면 5개가 됐네."		2+3=5
가르기 "사탕 5개는 2개와 3개로 가를 수 있어."		5-2=3 5-3=2
10의 보수 "2와 더해서 10이 될 수 있는 짝은 몇일까?"		2+8=10 10-2=8 10-8=2

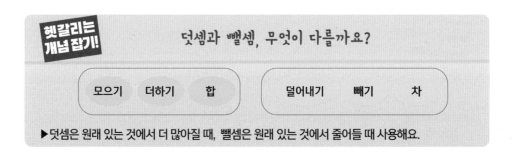

헷갈리는 개념 잡기!

덧셈과 뺄셈, 무엇이 다를까요?

| 모으기 | 더하기 | 합 | | 덜어내기 | 빼기 | 차 |

▶ 덧셈은 원래 있는 것에서 더 많아질 때, 뺄셈은 원래 있는 것에서 줄어들 때 사용해요.

뛰어 세기와 묶어 세기를 알아요

구구단을 외우기 전에 먼저 '몇씩 몇 묶음'이라는 곱셈 개념을 알아야 해요. 사탕 10개를 2개씩 묶어 2씩 5묶음을 만든 뒤에 2의 5배, 곧 '2×5'라는 곱셈식을 만들 수 있어요. 스티커, 바둑알 등으로 재료를 바꾸어가며 여러 번 연습해보세요.

뛰어 세기 "일정한 수만큼 건너서 세는 거야"	$\boxed{2}\ \boxed{4}\ \boxed{6}\ \boxed{8}\ \boxed{10}$	2x1=2 2x2=4 2x3=6
묶어 세기 "사탕이 정말 많구나. 몇 개씩 묶어서 세어보자."	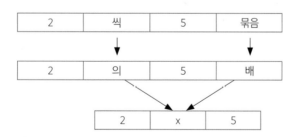 2씩 5묶음	2+2+2+2+2=10 2x5=10 10÷2=5 10÷5=2

묶어 세기에서 곱셈식으로 바꾸는 단계

2	씩	5	묶음

↓ ↓

2	의	5	배

2	x	5

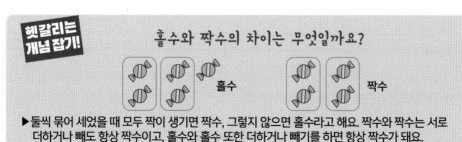

헷갈리는 개념 잡기!

홀수와 짝수의 차이는 무엇일까요?

홀수 　　　　 짝수

▶둘씩 묶어 세었을 때 모두 짝이 생기면 짝수, 그렇지 않으면 홀수라고 해요. 짝수와 짝수는 서로 더하거나 빼도 항상 짝수이고, 홀수와 홀수 또한 더하거나 빼기를 하면 항상 짝수가 돼요.

거미줄에 갇힌 숫자를 꺼내줘!

숫자 거미줄 놀이 3

거미줄 바구니 안에 갇힌 간식이나 숫자 자석을 구출하는 놀이예요. 거미줄 사이를 뚫고 바구니에서 간식이나 숫자를 하나씩 꺼내며 성취감을 느낄 수 있는 활동이랍니다. 신나게 놀면서 숫자도 익힐 수 있는 숫자 구출 놀이를 함께해보세요.

놀이 효과   숫자 익히기 / 수의 순서 익히기 / 성취감 형성 / 소근육 발달

 엄마 선생님 도움말

수 세기를 할 때 단순한 반복과 암기로 수 세기를 연습하는 것보다 주변에서 숫자를 찾아보고, 엘리베이터 버튼 읽기, 번호판 읽기 등 수와 관련된 활동을 자주 접하며 자연스럽게 익히는 것이 더 효과적입니다. 놀이하는 동안 숫자를 반복해서 말하도록 도와주고, "5 다음엔 어떤 숫자가 와야 할까?"와 같은 질문을 통해 수의 순서를 익히게 해주세요.

준비물 바구니, 작은 간식(비타민, 사탕), 숫자 자석, 털실(테이프), A4 용지, 펜

사전 준비

1. 옆면에 구멍이 있는 바구니를 준비해요. 윗면을 거미줄처럼 털실로 엮되 아이의 손이 편하게 드나들 수 있도록 넓이를 조절해주세요. 테이프를 지그재그로 붙여도 좋습니다.

2. 바구니 안에 비타민이나 사탕 등의 작은 간식을 10개 정도 넣어주세요. 꺼내기 쉬운 작은 장난감도 좋습니다.

3. A4 용지에 숫자 자석과 비슷한 크기로 0에서 1까지 숫자를 순서대로 써놓습니다.

1 바구니의 실 사이로 손을 넣어 간식을 하나씩 꺼내면서, 간식의 개수를 소리 내어 세어봅니다.

개수 세기

- 간식이 거미줄 안에 갇혀 있네!
  간식을 구해주자.

- 몇 개인지 세면서 꺼내볼까?
  한 개, 두 개, 세 개….

2 거미줄 바구니 안에 0에서 9까지 숫자 자석을 넣은 다음, 숫자 자석을 하나씩 꺼내봅니다.

숫자 익히기

- 어떤 숫자를 구했니?

- 숫자 3과 5를 구했구나!

⭐ 숫자 모양에 익숙해지도록 넣고 빼는 활동을 여러 번 반복합니다.

3 숫자(0~9)가 적힌 종이를 옆에 놓고 거미줄 바구니에서 꺼낸 숫자 자석을 종이의 숫자 위에 차례대로 올립니다. 숫자를 다 올리고 나면 순서대로 숫자를 소리 내어 읽어봅니다.

수의 순서 익히기

- 5 다음에는 어떤 숫자가 와야 할까?

- 함께 숫자를 읽어보자. 영, 일, 이, 삼….

 자연스럽게 수 세기로 연결할 수 있는 놀이가 많아요. 바구니 안에 공, 인형 등을 넣어 구출 놀이를 하고, 꺼낸 사물의 수를 세는 활동도 재미있습니다.

어디어디 숨었니?

숫자 보물찾기 3

집 안 여기저기 숨겨놓은 숫자를 찾는 숫자 보물찾기는 준비 과정도 간단하면서 아이들이 매우 즐거워하는 놀이예요. 간단한 활동이지만 아이들은 물건을 찾는 과정 자체를 즐기고 찾았을 때 크게 기뻐합니다. 자신이 직접 찾은 숫자는 특히 더 잘 기억한답니다.

놀이 효과 수 개념 발달 / 수 읽기 / 관찰력 발달 / 소근육 발달 / 집중력 발달

 엄마 선생님 도움말

수 학습의 기본이 되는 숫자 모양 익숙해지기, 수 세기, 숫자와 사물의 개수 대응하기 등을 연습하는 활동입니다. 수를 셀 때 우리말 '하나'가 한자어 '일'이라는 것을 함께 붙여서 말해주면 아이가 쉽게 이해하고 받아들일 수 있습니다. 아이가 ③번 활동에서 스티커를 하나씩 붙일 때 "하나 일, 둘 이, 셋 삼…"과 같이 함께 말하면서 수 세기에 익숙해질 수 있도록 도와주세요.

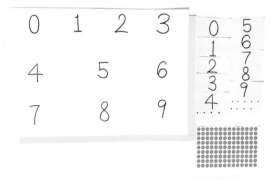

준비물 포스트잇, 펜, 도화지, 작은 동그라미 스티커

사전 준비

1. 포스트잇 10장을 준비하여 각각에 숫자(0~9)를 쓰고 그 수만큼 점을 찍어요.
2. 숫자를 쓴 포스트잇을 집 안 곳곳에 숨겨주세요.
3. 도화지 위에 포스트잇을 붙일 수 있도록 숫자(0~9)를 써두세요.

1 집 안 곳곳에 미리 숨겨둔 숫자 포스트잇을 찾아서 도화지의 같은 숫자 위에 붙입니다.

숫자 익히기

🔵 엄마가 0부터 9까지의 숫자를 집 곳곳에 숨겨뒀지! 하나씩 찾아서 종이에 순서대로 붙여볼까?

🔵 3을 찾았네. 그다음에는 어떤 숫자가 와야 할까?

2 숫자를 순서대로 읽습니다. 엄마가 일부 숫자를 손으로 가리면 그곳에 들어갈 숫자를 맞춥니다.

숫자 알기

🔵 영, 일, 이, 삼….

🔵 엄마가 손으로 가린 곳에 어떤 숫자가 숨어 있을까?

3 포스트잇에 찍은 점 위에 동그라미 스티커를 붙이며 수를 세어봅니다.

수와 양의 대응

🔵 스티커를 붙이며 수를 세어보자. 하나 일, 둘 이, 셋 삼….

🔵 0은 스티커가 하나도 없네. 0은 아무것도 없다는 뜻이거든.

⭐ 스티커를 붙이지 않은 0을 보며 그 의미에 관해 이야기를 나눠보세요.

0부터 9까지 셀 수 있으면, 두 자리 수 보물찾기로 확장해보세요. 다 놀고 난 뒤에는 얼굴에 붙은 포스트잇 떼기, 포스트잇을 창문에 붙여 꽃, 동물 등의 모양 만들기, 바닥에 듬성듬성 붙여 징검다리 놀이 등을 할 수 있습니다.

오늘은 휴지심으로 놀자!

휴지심 숫자 놀이 3

무심코 버리는 휴지심을 모아 멋진 수학 교구로 활용해봅니다. 다음은 휴지심을 활용해서 수 세기 능력을 기를 수 있는 간단한 놀이 세 가지입니다. 준비는 간단하지만 매우 흥미롭게 참여하는 놀이랍니다.

놀이 효과　　거꾸로 수 세기 / 수와 양 대응하기 / 소근육 발달

 엄마 선생님 도움말

수는 사물을 세거나 헤아린 양 또는 순서를 나타내며, 숫자는 수를 나타내는 기호를 의미합니다. 예를 들어 과자 5개를 보면 '다섯'은 수이고 이것을 기호로 표현한 것이 '5'라는 숫자입니다. 올바른 수 학습은 수와 숫자에 대한 이해에서 시작합니다. 이 놀이를 통해 사물의 개수를 하나씩 세면서 수와 숫자를 바르게 연결하는 기회를 제공해주세요.

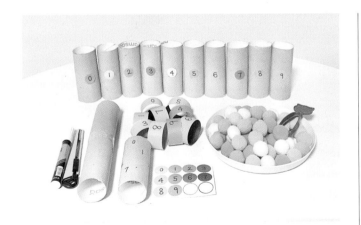

사전 준비

1. 휴지심 하나에 펜으로 0~9까지 숫자를 여기저기 불규칙하게 쓰고, 스티커에도 0~9까지 써주세요.

2. 휴지심 두 개를 테이프로 이어 붙여 위아래로 길게 만들어요.

3. 색종이를 2cm 정도 넓이로 10개를 자른 뒤 0~9까지의 숫자를 적고, 둥글게 말아 붙여 고리를 만들어주세요.

4. 휴지심 10개에 각각 0~9까지 숫자를 써주세요.

준비물 휴지심 13개, 사인펜, 동그라미 스티커, 색종이, 칼, 폼폼, 집게, 테이프

1 휴지심에 적힌 숫자(0~9)를 찾아서 읽어보고, 같은 숫자를 스티커에서 찾아 휴지심에 붙입니다.

숫자 익히기

🔵 스티커에 숫자를 적어뒀단다. 사랑이가 아는 숫자를 말해볼까?

🔵 3은 어디에 있는지 찾아서 똑같은 숫자 스티커를 붙여볼까?

2 두 개를 붙여 길게 만든 휴지심에 0~9까지 색종이 고리를 순서대로 끼웁니다. 다 하고 나면 9부터 0까지 거꾸로 끼웁니다.

거꾸로 수 세기

🔵 고리를 숫자 순서대로 끼워보자. 어떤 숫자 먼저 끼워 넣어야 할까?

🔵 이번에는 9부터 거꾸로 끼워 넣어보자!

3 0부터 9까지 숫자가 적힌 휴지심을 쭉 세워 놓고, 휴지심에 적힌 수만큼 폼폼을 집게로 집어서 넣습니다.

수와 양의 대응

🔵 4가 있는 휴지심에 폼폼을 담아보자. 하나 일, 둘 이, 셋 삼, 넷 사!

🔵 9가 있는 휴지심에는 폼폼을 얼마나 담아야 할까?

⭐ 아이가 아직 수와 양의 대응 개념에 익숙하지 않다면 휴지심에 점을 찍어 개수를 표현해주세요.

휴지심으로 숫자 놀이를 다 하고 난 뒤에는 큰 대야에 물을 채워 휴지심을 불린 뒤 촉감놀이를 해보세요. 젖은 휴지심을 갈기갈기 찢고, 찢은 휴지심을 공처럼 돌돌 뭉치며 놀 수 있어요.

몇 개를 꽂아볼까?

종이컵 빨대 꽂기

주변에서 흔히 접할 수 있는 종이컵과 빨대를 이용해서 재미있게 수 세기 놀이를 해봅니다. 종이컵 구멍에 빨대를 꽂으면서 수 세기를 익히는 동시에 소근육과 집중력도 발달할 수 있습니다. 종이컵은 좋은 놀이 교구이니 종이컵 한 줄을 준비해서 다양한 방법으로 활용해보세요.

놀이 효과   빠진 수 찾기 / 수와 양 대응하기 / 사고력 발달

 엄마 선생님 도움말

아이가 숫자 읽는 방법을 자연스럽게 익히도록 종이컵을 줄 세우거나 빨대를 꽂을 때 컵에 적힌 숫자를 반복적으로 함께 읽으세요. 0부터 9까지 순서대로 읽기와 9부터 0까지 거꾸로 읽기도 함께하면 좋습니다. 또한 먼저 종이컵 위에 구멍과 빨대가 하나도 없는 것을 활용해서 0에 대해 인지하게 해주세요.

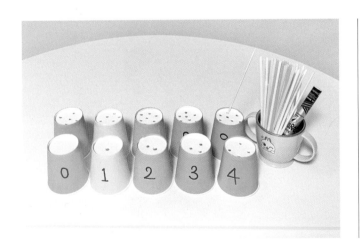

준비물 종이컵 10개, 빨대 한 뭉치, 펜, 꼬치 막대(송곳)

사전 준비

1. 종이컵 옆면에 각각 0~9까지의 숫자를 써주세요. 이때 엄마가 한쪽에 쓰면, 그걸 보고 아이가 뒤쪽에 한 번 더 써서 앞뒤로 양면에 써주면 좋아요.

2. 꼬치 막대 등으로 종이컵 위에 빨대가 들어갈 정도 크기의 구멍을 각각에 적힌 수만큼 뚫어주세요.

1

종이컵에 어떤 숫자가 써 있는지 살펴보면서 읽고, 0
부터 9까지 차례로 줄을 세웁니다.

● 종이컵 숫자를 읽어볼까? 일, 이, 삼….

● 이번에는 9부터 0까지 거꾸로 줄을
세워보자.

수의 순서
익히기

2

아이가 눈을 감으면 엄마는 종이컵 1개 또는 2개를
숨기세요. 그런 다음 어떤 숫자가 빠져 있는지 찾아
봅니다.

● 자, 엄마가 어떤 숫자를 숨겼을까?

● 6과 8 사이에 컵이 없어졌네. 6과 8
사이에는 어떤 숫자가 와야 할까?

수의 순서
익히기

3

종이컵 위에 뚫린 구멍의 수를 세어보고, 그 수만큼
빨대를 하나씩 끼워봅니다.

● 3이 있는 종이컵에는 구멍이 몇 개 있는지
세어볼까?

● 9번 종이컵에는 빨대를 몇 개나 꽂아야
할까?

수와 양의
대응

⭐ 구멍이 없는 0에는 빨대를 꽂지 않는다는 것을
이야기하며 0에 대해 알게 해주세요.

➕ 아래층부터 각각 5개, 4개, 3개씩 순서대로 쌓는 놀이, 도화지에 동그라미 10개를
그린 뒤 각각에 점을 0~9개 찍고 숫자 종이컵을 대응하는 놀이 등을 해보세요.

숫자 쓰기는 정말 재밌어!

병뚜껑 숫자 놀이 3

별생각 없이 버리던 병뚜껑을 모아서 재미있는 놀이를 해볼까요? 병뚜껑을 이용해 직접 숫자를 만들 수도 있고, 병뚜껑을 알록달록 물감 그릇으로 쓸 수도 있어요. 또 병뚜껑에 폼폼을 하나하나 대응해서 넣으며 수 세기를 해볼 수도 있어요.

놀이 효과　　숫자 쓰기 / 기억력 발달 / 눈과 손의 협응력 발달

 엄마 선생님 도움말

수와 숫자를 아는 것만큼이나 중요한 것이 숫자 쓰기입니다. 아직 손에 힘이 약해서 숫자를 잘 쓰지 못하더라도, 직선 및 곡선 등의 선 긋기를 자주 연습하고 다양한 재료로 쓰기 연습을 하면 운필력을 키울 수 있습니다. 숫자를 쓰면서 모양을 외우기보다는 "3은 마치 나비 날개와 닮은 것 같아."와 같이 이야기하며 사물이나 동물과 연결해서 숫자의 모양을 인지할 수 있도록 도와주세요.

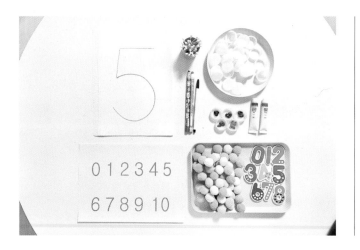

사전 준비

1. A4 용지에 숫자(0~9)를 하나씩 크게 써요.

2. 도화지에 0부터 10까지 숫자를 차례로 써요.

3. 병뚜껑에 다양한 색깔 물감을 담은 뒤 면봉을 각각 올려주세요.

준비물 병뚜껑, 펜, 물감, 면봉, A4 용지, 도화지, 숫자 자석, 폼폼

1

A4 용지에 써 놓은 숫자를 살펴보고, 그 숫자 모양 위에 병뚜껑을 올려놓아 숫자를 만들어봅니다.

숫자 모양 익히기

- 병뚜껑으로 2와 5를 만들었구나! 숫자 2는 무엇을 닮은 것 같니?

- 8은 동그라미가 두 개 붙어 있는 눈사람 모양이네. 병뚜껑으로 8을 만들어볼까?

2

도화지에 미리 써 놓은 숫자를 살펴보고 병뚜껑에 담긴 물감을 묻혀 면봉으로 숫자를 따라 그려봅니다.

숫자 쓰기

- 어떤 색깔이 좋아? 사랑이가 좋아하는 색으로 숫자를 따라 그려보자.

- 6을 정말 잘 썼구나. 6은 어떤 모양과 닮은 것 같니? 엄마는 뱀을 닮은 것처럼 보이네.

3

순서대로 늘어놓은 숫자 자석 옆으로 수를 세면서 병뚜껑을 늘어놓아요. 그다음 숫자를 세면서 수에 맞게 병뚜껑에 폼폼을 넣어봅니다.

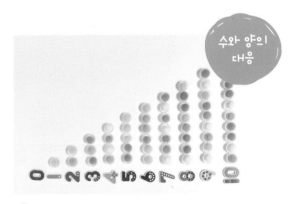

수와 양의 대응

- 0에는 아무것도 없네! 다음은 1에 폼폼을 넣어보자.

- 3에 폼폼을 넣어보자. 하나 일, 둘 이, 셋 삼.

⭐ 처음에는 순서대로 쭉 넣고, 익숙해지면 숫자를 골라 넣어보세요.

도화지에 병뚜껑 크기로 0부터 9까지 숫자를 쓰고, 병뚜껑에도 숫자를 쓴 다음 병뚜껑에 써진 숫자를 도화지의 숫자와 맞추는 매칭 놀이를 할 수도 있습니다. 숫자에 익숙해지면 병뚜껑 위에 숫자를 직접 써보는 활동도 해보세요.

신나게 두드리며 놀자!

대롱대롱 접시 치기

접시 치기는 숫자가 쓰인 접시를 공중에 매달아 놓고 그 수만큼 접시를 신나게 치는 놀이입니다. 수학 학습과 함께 아이들의 넘치는 체력을 마음껏 발산할 수 있는 재미있고 즐거운 놀이예요. 순서대로 접시를 치면서 수의 순서도 익힐 수 있어요.

놀이 효과   수의 서열 알기 / 수와 양 대응하기 / 대근육 발달 / 신체조절능력 발달

 엄마 선생님 도움말

접시를 치는 활동이 매우 신나고 재미있기 때문에 아이가 접시 치는 것에만 집중해서 수의 순서대로 접시를 치는 것을 잊을 수 있습니다. 그럴 때는 아이에게 잠시 시간을 주고 기다려주세요. 아이만의 탐색과 놀이가 끝난 뒤에 '수의 순서대로 숫자 치기' 활동을 상기시키며 칭찬으로 격려해주면 다시 집중해서 활동할 수 있을 거예요.

사전 준비

1. 접시를 붙일 수 있도록 미리 천정에 테이프로 끈을 붙여 놓습니다.
2. 종이 접시 위에 0부터 9까지 숫자를 씁니다. 아이와 함께 쓰면 더 좋아요.

준비물 종이 접시 10개, 작은 동그라미 스티커, 막대, 끈, 테이프, 펜

1 종이 접시 앞면에 써 있는 숫자를 읽어보고, 뒷면에 그 수만큼 스티커를 붙입니다. 수 세기를 쉽게 하기 위해 5보다 큰 수는 한 줄에 스티커 5개를 붙이고 나머지는 줄을 바꿔 붙여요.

🔵 이 숫자는 6일까, 9일까?

🔵 7을 붙일 때는 한 줄에 5개를 붙이고 줄을 바꿔서 2개를 더 붙여보렴.

2 접시를 천장에 매단 뒤에 엄마가 외치는 수를 찾아서 막대로 칩니다. 처음에는 숫자를 찾을 때마다 한 번씩 치고, 익숙해지면 접시에 있는 수만큼 여러 번 쳐봅니다.

수 익히기

🔵 3을 찾아서 접시를 쳐보자.

🔵 7이 어디에 있지? 스티커 일곱 개가 붙었는지 세어보고 그만큼 접시를 쳐볼까?

⭐ 매달린 접시를 치면 앞뒤로 돌아가니 뒷면이 보일 때 스티커 개수를 세어봅니다.

3 0부터 9까지 순서대로 접시를 쳐보고, 9에서 0까지 반대 순서로도 접시를 쳐봅니다.

수의 순서

🔵 0부터 9까지 순서대로 접시를 쳐보자.

🔵 이번에는 9부터 0까지 반대로 접시를 쳐보자.

 접시를 바닥에 늘어놓고, 엄마가 불러주는 수가 적힌 접시를 뒤집는 놀이도 해보세요.

하나 빼면 몇 층일까?

블록 탑 쌓기

집에 있는 블록을 가지고도 다양한 숫자 놀이를 할 수 있어요. 블록의 양면에 표시한 숫자와 점을 보고 10층 탑을 쌓고, 종이에 써진 숫자를 보고 그 수만큼 1~10층 탑을 쌓는 활동을 하며 각 수에 해당하는 양을 파악할 수 있는 놀이예요.

놀이 효과	수의 크기 비교 / 1 작은 수와 1 큰 수 알기 / 집중력 발달

 엄마 선생님 도움말

수와 양의 대응에 대해 익숙해지도록 반복해서 활동해요. 아이가 활동을 할 때 "하나 일, 둘 이, 셋 삼…"과 같이 수를 세며 활동하게 도와주고 "여섯 개에서 블록 하나를 빼면 몇 개가 될까?"와 같은 질문도 던져주세요. 이렇게 수를 세는 것에 익숙해지면 10부터 0까지 거꾸로 수를 세어보기도 하고, "한 개, 두 개, 세 개…" 하고 단위를 붙여 세는 것도 연습해봅니다.

사전 준비

1. 블록 10개를 준비하여 네임펜으로 블록의 한 면에는 1부터 10까지의 숫자를, 다른 한 면에는 그 수에 맞는 점을 찍어주세요.

2. 표 한 칸에 블록이 한 개 들어갈 정도 크기의 칸을 2칸×5칸으로 그린 뒤 1부터 10까지 숫자를 써주세요.

준비물 같은 크기 블록 10개 이상, 종이, 사인펜, 자, 네임펜(유성마커)

1 1부터 10까지 순서대로 쌓아 탑을 만듭니다. 다음에는 블록에 찍힌 점을 보면서 10층 탑을 쌓아봅니다.

● 블록에 6이 있네. 블록의 반대 면에는 점이 몇 개 있는지 세어볼까?

● 점이 3개 있네. 이 위에는 점이 몇 개 있는 블록이 와야 할까?

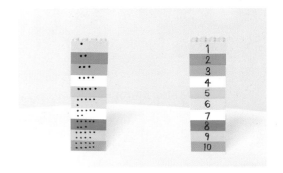

2 10층 탑에서 블록을 하나씩 빼면서 써있는 숫자를 읽어보고, 나시 하나씩 끼우며 읽어봅니다. 처음에는 숫자를 말하고, 다음에는 점의 개수를 세며 수끼리 비교해봅니다.

● 10층에서 한 층을 빼면 몇 층이 될까?

● 7층은 6층보다 점 몇 개가 더 많을까?

1 작은 수와 1 큰 수

3 1부터 10까지 쓰인 종이에 각 칸마다 그 수만큼 블록 탑을 쌓아봅니다. 순서대로 모두 쌓아도 되고 숫자별로 각각 쌓아도 좋습니다.

● 이번에는 6번 칸에 블록 탑을 쌓아볼까? 블록을 하나씩 세면서 쌓아보자.

● 어떤 블록 탑이 가장 높아 보여?

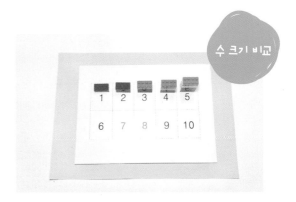

수 크기 비교

블록 10개를 가지고 2개와 8개, 3개와 7개 등으로 나누는 가르기 놀이와 4개와 6개 등으로 나눠진 블록을 모아서 수를 세어보는 모으기 놀이를 해보는 것도 연산능력을 기르는데 도움이 됩니다.

요리조리 맞춰봐요!

접시 퍼즐 맞추기

아이가 엄마와 함께 종이 접시로 직접 퍼즐을 만들고 맞추며 수 세기, 수와 양의 대응하기 등을 익힐 수 있는 놀이입니다. 아이가 직접 교구 제작에 참여하고 자신이 만든 교구로 놀이를 즐기면 잘 만들어진 교구로 활동하는 이상의 효과가 있습니다.

놀이 효과   수와 양 대응하기 / 시지각능력 발달 / 공간추론능력 향상

 엄마 선생님 도움말

어른이 보기에는 간단해 보이지만, 퍼즐 놀이를 많이 경험해보지 않은 아이들은 이 활동을 어려워할 수 있습니다. 처음에는 부모님이 먼저 2조각을 맞춘 뒤 아이가 나머지 조각을 맞춰보고, 익숙해지면 4조각을 스스로 맞출 수 있게 해주세요. 퍼즐 맞추기를 많이 하면 사고력 및 추론능력 발달에도 좋으며, 아이들이 어려워하는 '도형의 회전, 뒤집기'를 공부하는 데도 도움이 됩니다.

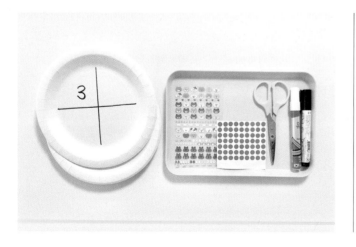

준비물 종이 접시 10개, 가위, 스티커 두 종류(모양 스티커, 동그라미 스티커), 2가지 색 사인펜(마커)

사전 준비

1. 종이 접시 10개에 각각 4칸으로 나눈 선을 그어줍니다.
2. 각 접시의 첫 번째 칸에 1부터 10까지 숫자를 써주세요.

1

종이 접시에 적힌 수만큼 각 빈칸마다 수를 세는 활동을 합니다. 한 칸에는 수만큼 동그라미 스티커를 붙이고, 한 칸은 수만큼 막대를 그립니다. 막대는 5개씩 묶어 그려줍니다.

🔵 숫자 3에는 동그라미 스티커를 몇 개 붙이면 될까?

🔵 7에는 막대 5개와 2개를 그렸네.

⭐ 막대 그리는 것을 어려워하면 부모님이 도와주세요.

2

남은 빈칸에 모양 스티커를 붙입니다. 큰 수 세기를 쉽게 할 수 있도록 5보다 큰 수는 한 줄에 스티커 5개를 붙이고 나머지는 줄을 바꿔 붙입니다.

🔵 숫자 4에는 곰돌이 스티커를 몇 개 붙이면 될까?

🔵 7 아래에 스티커 5개와 2개를 붙였구나! 8은 스티커 몇 개와 몇 개를 붙이면 될까?

3

스티커를 다 붙인 종이 접시들은 선을 따라 잘라서 퍼즐을 만듭니다. 조각들을 섞은 후 퍼즐을 맞춰보세요.

🔵 숫자와 동그라미 스티커, 막대, 곰돌이 스티커 조각을 다시 하나로 맞춰보자.

🔵 같은 수의 막대, 동그라미, 곰돌이 스티커를 찾아서 맞추면 된단다.

⭐ 접시를 자를 때 맞추기 쉽도록 자른 선을 조금씩 다르게 하는 것도 좋습니다.

종이 접시 위에 그림을 그리고 불규칙하게 잘라서 퍼즐 맞추기를 해보세요.
직접 퍼즐을 만들고 맞추면서 성취감을 느끼고 사고력을 키울 수 있습니다.

1+2
=3
수와 연산
★☆☆☆☆

누가누가 더 많을까?

달걀 껍데기 깨기

두 사람이 각각 달걀 껍데기를 10개씩 가지고 가위바위보를 하여 안전 망치로 껍데기를 깨는 놀이예요. 남은 달걀 껍데기 수를 세며 수 세기 및 양의 대소를 비교하는 능력을 기를 수 있고, 스트레스를 확 풀 수 있는 놀이랍니다.

놀이 효과 수 세기 / 양의 대소 비교하기 / 스트레스 해소

엄마 선생님 도움말

물건의 수를 비교하는 말과 수를 비교하는 말이 다릅니다. 물건의 수(수량)를 비교할 때는 '많다, 적다'를, 수를 비교할 때는 '크다, 작다'는 말을 사용해야 합니다. 아이에게 수의 크기를 지도할 때 "5가 3보다 크구나!", "3이 작을까, 5가 작을까?" 등과 같이 '크다, 작다'라는 말을 사용해서 자주 대화하는 것이 좋습니다.

준비물 10구 달걀판 2개, 달걀 껍데기 20개 이상, 유아용 안전 망치(또는 마라카스), 숫자 자석, 입 벌린 물고기 종이 인형 2개, 가위

사전 준비

1. 모양이 반 이상 남은 달걀 껍데기를 모아 놓고, 물로 씻어 말려서 준비해두세요.
2. 서로 반대 방향으로 입 벌린 물고기 모양 종이 인형 2개를 만들어주세요.

1 달걀 껍데기 20개를 두 사람이 10개씩 세어서 나눠 가지고, 각자의 달걀판에 담습니다.

● 달걀 껍데기를 10개씩 달걀판에 담아보자. 하나 일, 둘 이, 셋 삼….

● 사랑이 달걀판에 먼저 10개를 담았구나. 달걀판에 5개씩 두 줄이 있어.

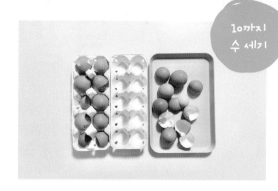

10까지 수 세기

2 가위바위보를 해서 이긴 사람이 망치로 달걀 껍데기를 하나씩 깨뜨립니다. 중간중간 남은 달걀을 세어봅니다.

● 사랑이가 달걀 네 개를 깼고, 아빠는 두 개를 깼네.

● 사랑이 달걀판에는 달걀이 몇 개 남았는지 세어볼까?

★ 유아용 망치 대신 마라카스를 사용하면 달걀을 깰 때 소리가 나서 더 재밌게 활동할 수 있어요.

3 남은 달걀 껍데기 수에 맞춰 숫자 자석을 놓아보고, 더 많이 남은 쪽으로 벌린 물고기 입이 향하도록 가운데에 물고기 그림을 놓아봅니다.

● 달걀이 8개 남았네. 어떤 숫자 자석을 놓으면 될까?

● 달걀이 많이 남은 쪽으로 물고기 입을 벌려주자. 어느 쪽으로 입을 벌려주면 될까?

수의 크기 비교

 달걀 껍데기에 숫자를 쓴 다음 수의 순서대로 껍데기를 깨는 놀이를 할 수도 있어요. 활동을 다 하고 난 뒤에는 큰 쟁반에 달걀 껍데기를 가득 담아 안전 망치로 두드려 깨고, 달걀 껍데기에 스포이트로 물감 뿌리는 놀이를 하면 아이들이 정말 즐거워한답니다.

1+2
=3
수와 연산
★★★☆☆

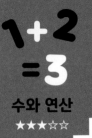

20까지 셀 수 있어요

달걀판 수 세기

10 이상의 수를 셀 때 수의 자릿값을 찾는 것을 어렵게 느낀다면 달걀판을 활용해요. 10구짜리 달걀판으로 수를 직접 만들어보면 묶음과 낱개가 한눈에 들어오기 때문에 쉽게 수와 자릿값을 익힐 수 있습니다. 플레이콘, 과자, 젤리 등 다양한 재료로 바꿔가며 즐겁게 수 세기 놀이를 해보세요.

놀이 효과 20까지의 수 알기 / 덧셈과 뺄셈 이해 / 사고력 발달

엄마 선생님 도움말

몇십몇을 알아볼 때 구체물의 수를 직접 세며 수의 구조를 파악하는 것이 매우 중요합니다. 23의 경우 2는 달걀 10개씩 2묶음을 만들고, 여기에 낱개 3개가 더 있으면 23이 된다는 자릿값의 기초 개념이 형성되어야 합니다. 이 놀이는 수에 대한 기초적인 지식을 익히고, 자릿값의 개념을 스스로 익힐 수 있는 활동입니다. 놀이를 할 때 묶음과 낱개로 수를 나타내는 연습을 많이 하고, '십일'과 같이 소리를 내어 수를 읽도록 도와주세요.

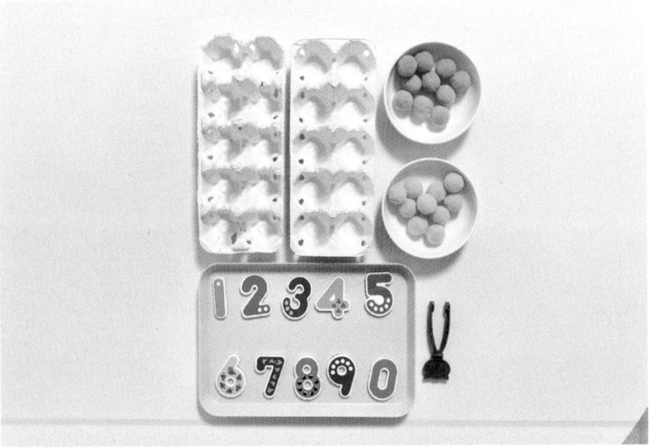

준비물 10구 달걀판 2개, 폼폼 20개, 숫자 자석, 집게

사전 준비

1. 10구짜리 달걀판 2개를 준비합니다.
2. 10구짜리 달걀판이 없다면 큰 달걀판을 10(5×2)칸으로 잘라서 준비합니다.

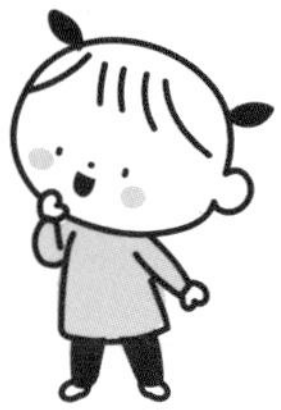

1 먼저 달걀판 하나의 칸마다 폼폼을 집게로 하나씩 넣으며 수를 셉니다. 익숙해지면 엄마가 말하는 수만큼 달걀판에 폼폼을 채워봅니다.

10까지 수 세기

● 8은 달걀 5개로 한 줄을 채우고 달걀 몇 개를 더 넣어야 하지?

● 머릿속으로 달걀 6개를 놓아보자. 한 줄을 채우고, 하나를 더 넣어야겠지?

⭐ 구체물로 하는 수 세기 놀이에 익숙해지면 머릿속으로 상상하는 연습을 해보세요.

2 10까지 수 세기에 익숙해지면 달걀판 2개에 11부터 20까지 수만큼 폼폼을 넣어보면서 10에 낱개를 더하면 '십몇'이라는 수 읽는 방법을 익힙니다.

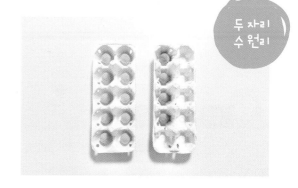

두 자리 수 원리

● 10개 다음에 1개 더 있는 것을 보고 '십일'이라고 해.

● 14를 만들어보자. 10개가 채워졌으니 폼폼 4개를 더 넣어주면 되겠네!

3 달걀판에 폼폼 20개를 하나씩 넣으며 수를 세고, 그 수에 맞게 달걀판마다 아래에 숫자 자석을 놓아 10에서 20까지의 수를 익힙니다.

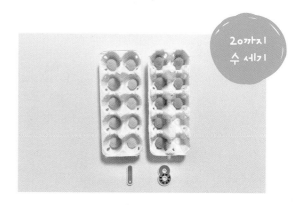

20까지 수 세기

● 달걀판 하나에 폼폼 10개가 모이면 '숫자 1'을 놓고 나머지 달걀판에 폼폼이 0개니까 '숫자 0'을 놓아주렴.

● 18에서 1은 10을 말하는 거였네!

폼폼의 수를 센 다음 주사위를 던져 나온 수만큼 폼폼을 빼거나 더 넣은 뒤, 다시 수를 세어보는 활동도 할 수 있습니다. 수를 세며 자연스럽게 덧셈과 뺄셈의 기초를 다질 수 있는 활동입니다.

사이좋게 만들어요!

'5' 만들기 놀이

블록이나 젤리와 같은 작은 물건을 모아서 5를 만들며 5 가르기와 모으기를 익혀보는 놀이입니다. 간단한 놀이지만 앞으로 연산을 공부하는 과정에 있어서 필수적인 활동이니, 평소 블록 놀이를 하기 전에 먼저 가르기와 모으기 놀이를 해보세요. 익숙해지면 블록 수를 늘려서 여러 수의 가르기와 모으기도 해보세요.

놀이 효과 가르기와 모으기 이해 / 수감각 발달 / 사고력 향상

 엄마 선생님 도움말

5라는 수가 '1과 4' 또는 '2와 3'처럼 두 개의 수로 분리될 수 있음을 파악하는 것이 가르기이고, 이 반대의 과정이 모으기입니다. 가르기와 모으기가 가능해야 다양한 연산을 잘할 수 있으며, 이후 배우는 약수와 배수 등의 학습에도 도움이 되니 자주 연습해야 합니다. 처음에는 어떤 개수를 구성해서 가르고 모을 것인지를 부모님의 지도하에 연습하다가 아이가 익숙해지면 각 개수를 어떻게 구성할지 아이 스스로 결정하도록 합니다.

사전 준비

1. 종이에 1칸×5칸을 그려서 여러 장 준비해 주세요. 손으로 그려도 되지만 여러 장이 있으면 좋으니 표로 만들어 프린트하면 편합니다.

2. 2가지 색 블록 5개씩과 색칠할 색연필이나 크레용을 준비해주세요.

3. 부모님 또는 친구와 함께 2명이 활동하면 좋습니다.

준비물 같은 크기의 작은 블록(또는 젤리, 동전 등), 숫자 자석(0~5), 종이, 색연필(크레용), 자

1 두 사람이 각각 다른 색의 블록 5개씩을 나눠 가집니다. 한 사람이 5칸 중 몇 칸을 한 가지 색 블록으로 채우면 다른 사람이 다른 색 블록으로 나머지 칸을 채웁니다.

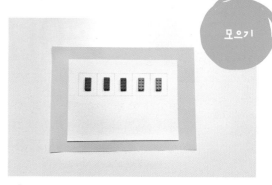

모으기

💬 아빠는 빨강 블록 3개를 놓을 거야. 사랑이가 나머지 칸을 초록 블록으로 채워볼까?

💬 블록은 모두 몇 개일까?

⭐ 모으기에 익숙해지면 아이 혼자서 두 가지 블록으로 다섯 칸을 채워봅니다.

2 각 색의 블록 개수를 세어 그 수에 맞는 숫자 자석을 놓아봅니다.

💬 빨강 블록이 3개, 초록 블록이 2개니까 숫자 자석 3과 2를 블록 아래에 놓아보자.

💬 빨강 블록이 4개이고 초록 블록이 1개면 어떤 숫자 자석을 놓아야 할까?

3 한 사람이 5칸 중 1~4칸을 한 가지 색으로 칠하고, 다른 사람이 나머지 칸을 다른 색으로 칠합니다. 색을 칠한 다음에는 2번과 같이 칸 아래에 숫자 자석을 놓아봅니다.

가르기

💬 아빠가 파란색으로 한 칸을 색칠했어. 사랑이는 몇 칸을 색칠해야 5칸을 다 채울까?

💬 색칠한 칸 아래에 숫자 자석을 놓아보자!

이 놀이에 익숙해지면 5개 블록 중 몇 개를 종이컵 안에 숨긴 뒤, 몇 개의 블록이 숨었는지 남은 블록의 수를 보고 맞추는 놀이도 함께해보세요.

몇 개 숨었을까?

종이컵 수 놀이

종이컵 안과 밖에 있는 폼폼의 수를 세며 10 가르기와 모으기를 연습하는 놀이예요. 더하기, 빼기와 같은 연산을 본격적으로 시작하기 전에 놀이를 통해 낯선 연산 기호를 미리 접해 보면 덧셈과 뺄셈도 문제없이 해낼 수 있답니다.

놀이 효과 가르기와 모으기 이해 / 수 감각 발달 / 대근육 발달

 엄마 선생님 도움말

우리가 사용하는 수는 1, 10, 100, 1000…과 같이 10배마다 새로운 자리로 옮겨가는 표현 방법을 사용하고 있어서 10을 가르고 모으는 것은 연산의 기본이 됩니다. 특히 10을 잘 가르고 모을 수 있으면 받아올림을 하는데 도움이 됩니다. 이 놀이를 할 때는 "종이컵 밖에 폼폼이 몇 개 있지?" 등과 같이 가르기와 모으기에 대한 감각을 익힐 수 있는 다양한 질문을 해주세요.

사전 준비

1. 폼폼 10개와 종이컵을 준비합니다.
2. 부모님 또는 친구와 함께 2명이 활동하면 좋습니다.

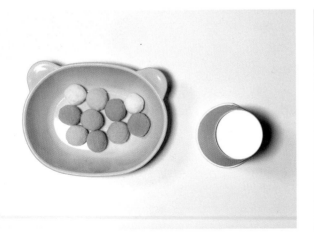

준비물 폼폼, 종이컵

1 폼폼 10개를 책상 위에 늘어놓으며 하나씩 세어봅니다. 세기 쉽도록 5개씩 한 줄로 2줄을 만듭니다.

💬 폼폼이 몇 개인지 세어볼까?

💬 하나 일, 둘 이, 셋 삼… 열 십, 모두 열 개네!

2 한 사람이 종이컵 안에 폼폼 몇 개를 숨기면, 다른 사람이 남아있는 폼폼의 수를 세어서 종이컵 안에 있는 폼폼의 개수를 맞춰봅니다. 두 뭉치로 나뉜 폼폼의 수를 다시 더해보기도 합니다.

💬 종이컵 밖에 폼폼이 5개 있네. 종이컵 안에는 몇 개가 있을까?

💬 종이컵 밖에 폼폼이 4개와 안에 있는 6개를 모으면 총 몇 개지?

10 가르기와 모으기

⭐ '더하다', '합하다'보다 '모으다'와 같은 일상용어를 쓰면 덧셈과 더 쉽게 친해집니다.

3 둘이 서로 역할을 바꾸어 숨기고 맞춰봅니다. 이 과정에서 부모님이 자연스럽게 가르기와 모으기에 대해 이야기합니다.

💬 사랑이가 폼폼 몇 개를 숨겼을까? 종이컵 밖에 폼폼 7개가 있으니까, 안에는 3개가 있겠네!

💬 10은 7과 3으로 가를 수 있구나.

➕ 신문지를 뭉쳐 만든 공 10개를 바구니 골대에 넣는 놀이를 해보세요. 들어간 공과 아닌 공을 세며 가르기와 모으기를 할 수 있어요.

누구에게 몇 개를 줄까?

과자 가르기와 모으기

달걀판은 수 세기 및 연산에 매우 유용한 수학 놀이 재료입니다. 10구짜리 달걀판에 작은 물건을 넣고, 그 물건을 두 접시에 나누거나 두 접시의 물건을 달걀판에 다시 모으면서 쉽고 재미있게 가르기와 모으기를 연습해보세요.

놀이 효과   가르기와 모으기 이해 / 연산능력 발달 / 사고력 향상

 엄마 선생님 도움말

가르기와 모으기는 수 사이의 관계를 살필 수 있는 과정입니다. 예를 들어 10을 1과 9로 가르기 했을 때 '10보다 1 작은 수는 9', 4와 6을 10으로 모으기 했을 때 '10은 4보다 6 큰 수'라는 연산에 필요한 사고 과정을 경험합니다. 일상생활에서도 "10보다 1 작은 수는 무엇일까?", "4보다 6 큰 수는 무엇일까?" 등의 질문을 통해 수 사이의 관계에 대해 생각하게 해주세요.

준비물 10구 달걀판, 과자 10개, 그릇, 접시 2개, 종이, 풀, 가위

사전 준비

1. 접시에 아이가 좋아하는 동물을 각각 그려주세요. 아이와 함께 그려도 좋고 좋아하는 캐릭터를 프린트해서 붙여도 좋아요.

2. 종이로 화살표 2개를 만들어주세요.

1
접시 두 개를 나란히 놓고 그 아래에 달걀판을 둔 다음, 그 사이에 화살표를 접시에서 달걀판을 향하게 놓습니다. 두 접시에 과자 10개를 나누어 담은 뒤, 각 접시에 있는 과자를 세어봅니다.

🔘 토끼는 과자를 몇 개 가지고 있을까?

🔘 토끼는 과자를 5개, 곰돌이도 5개 가지고 있네. 둘이 똑같이 가지고 있구나.

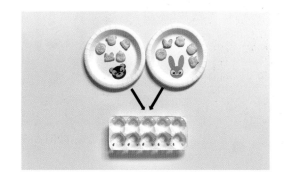

2
두 접시에 담긴 과자를 달걀판에 모아서 넣고 모은 전체 과자의 개수를 세어봅니다.

🔘 5개와 5개를 모으니까 10개가 되었네!

🔘 10은 5보다 몇 큰 수일까?

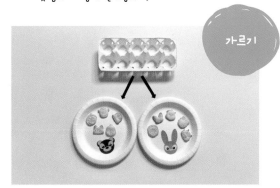

모으기

⭐ '더하다', '합하다'보다 '모으다'와 같은 일상용어를 쓰면 덧셈과 더 쉽게 친해집니다.

3
달걀판에 과자 10개를 담은 뒤 두 동물에게 과자를 5개씩 똑같이, 4개와 6개, 3개와 7개 등으로 개수를 여러 가지로 바꿔 나눠줍니다.

🔘 토끼에게 과자 5개를 줬구나. 그럼 곰돌이에게 몇 개를 줄 수 있을까?

🔘 10보다 5 작은 수는 몇일까?

가르기

재료가 달라지면 아이들은 새로운 놀이로 생각하고 흥미를 느낍니다. 공기알, 젤리, 동전 등 재료를 다양하게 바꾸며 가르기와 모으기 놀이를 해보세요.

누가누가 빨리 잡을까?

파리채 보수 놀이

보수를 찾는 연습은 자주 하는 것이 좋지만, 같은 활동을 계속 반복하다 보면 아이가 지루해하거나 싫증을 낼 수 있습니다. 그럴 때는 파리채로 보수 잡기 놀이를 해보세요. 엄마가 부르는 수와 합해서 10이 되는 보수를 찾는 연습을 재미있게 할 수 있습니다.

놀이 효과   수 감각 발달 / 10의 보수 알기 / 연산능력 발달 / 순발력 발달

 엄마 선생님 도움말

보수는 '보충해주는 수'를 뜻하는데, 1에 대한 10의 보수는 9, 2에 대한 10의 보수는 8입니다. 10의 보수를 알면 9+5=9+1+4=10+4 또는 11-3=(11-1)-2=10-2와 같이 받아올림이나 받아내림의 과정을 쉽게 이해할 수 있습니다. 아이에게는 보수라는 말이 어렵게 느껴질 수 있으니 "10을 만들 수 있는 4의 짝을 찾아볼까?", "2의 짝을 찾아볼까?"와 같이 '짝'이라는 말을 사용해 보수를 구하게 해주세요.

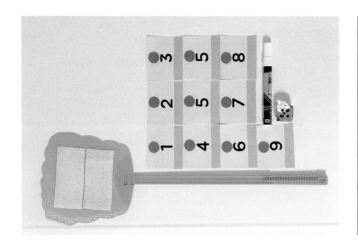

사전 준비

1. 도화지를 10조각으로 작게 잘라 1~9(5는 2개)를 써서 숫자 카드를 만듭니다.
아래쪽에는 수의 양을 표시할 자리를 따로 나눠놓습니다.

2. 종이와 파리채에 각각 다른 벨크로 테이프를 붙여주세요.

3. 주사위는 숫자보다는 동그라미로 개수를 표현한 것을 준비해주세요.

준비물 파리채, 벨크로 테이프(까슬이와 보슬이), 도화지, 주사위, 펜

1 숫자 카드에 쓰인 1~9까지 숫자를 읽어보고, 숫자 아래에 그 수만큼 점을 찍어요.

● 어떤 숫자들이 있는지 읽어보자!

● 숫자 아래에 그 수만큼 점을 찍어볼까?

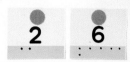

2 주사위를 던져서 나온 수가 쓰인 숫자 카드를 파리채로 잡으며 파리 잡기 놀이를 합니다.

● 주사위를 던지니 5가 나왔네. 5를 잡아봐!

● 주사위에 몇이 나왔지? 6이 나왔구나. 6은 어디 있지?

3 주사위를 던져서 나온 수와 합해서 10이 될 수 있는 수가 쓰인 숫자 카드를 찾아 파리채로 잡아봅니다.

● 주사위를 던지니 3이 나왔네. 3과 합해서 10이 되려면 하나, 둘, 셋, 넷, 다섯, 여섯, 일곱!

● 6과 합해서 10이 될 수 있는 수를 파리채로 잡아보렴!

10의 보수 찾기

⭐ 바로 찾기 어려워하면 숫자 아래 찍은 점의 개수를 세어 10의 보수를 찾아봅니다.

숫자, 한글, 알파벳 등을 익힐 때도 파리채 잡기 놀이를 해보세요. 자칫 지루할 수 있는 암기 학습을 쉽고 재미있게 할 수 있도록 도와줍니다.

덧셈 완전 정복!

접시 덧셈 놀이

덧셈은 직접 구체물을 가지고 놀면서 배울 때 가장 잘 이해할 수 있어요. 이번 놀이는 접시 위에 나눠놓은 플레이콘을 더해보면서 덧셈의 원리를 눈으로 쉽게 이해할 수 있는 활동이랍니다.

놀이 효과   더하기의 원리 이해 / 연산능력 발달 / 추론능력 발달

 엄마 선생님 도움말

초등학교 수학 교육과정에서는 '더한다', '합한다', '모으다', '~보다 ~ 큰 수', '~보다 ~ 작은 수', '뺀다', '덜어내다' 등의 일상용어를 사용하여 덧셈과 뺄셈의 의미에 친숙하게 하는 것을 강조합니다. 아이가 접시 위 더하기 땅에 있는 플레이콘을 등호 땅으로 모을 때 "플레이콘이 합해지네."와 같이 원리를 짚어주시고, '+(더하기)'를 가리키며 이 기호가 '모으다', '더하다'의 뜻인 것도 함께 이야기해주세요.

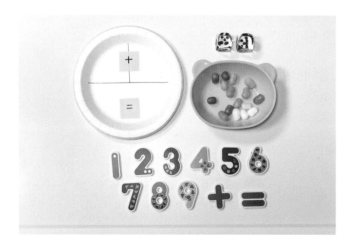

사전 준비

1. 접시에 사진과 같이 선을 그어 자리를 나누고, 중간에 '+'와 '='를 표시해주세요.
2. 주사위는 숫자보다는 동그라미로 개수를 표현한 것을 준비해주세요.

준비물 접시, 플레이콘, 주사위 2개, 숫자 자석, 연산 자석(+, =)

1 더하기 땅 두 곳과 등호 땅으로 나뉜 접시를 살펴봅니다. 두 개의 주사위를 던져서 나온 수만큼의 플레이콘을 위쪽 더하기 땅 두 칸에 각각 놓아줍니다.

💬 접시가 여러 칸으로 나뉘어 있네. 위의 두 칸은 더하기 땅, 아래 큰 칸은 등호 땅이야.

💬 2와 3이 나왔으니 플레이콘 2개를 더하기 땅 한 쪽에, 3개를 다른 쪽에 놓아보자.

2 양쪽 더하기 땅 안에 있는 플레이콘을 모아서 등호 땅으로 옮기고, 플레이콘의 총 개수를 세어봅니다.

💬 두 더하기 땅에 있는 플레이콘을 등호 땅으로 옮겨서 모아보자.

💬 플레이콘이 총 몇 개인지 하나씩 세어볼까?

덧셈
이해하기

3 '+'와 '='가 무엇을 의미하는지 이야기해보고, 숫자 자석으로 덧셈식을 만들어봅니다.

💬 '+'는 무슨 뜻인 것 같니? 플레이콘을 한꺼번에 모은 것처럼 '모으기', '더하기'란 뜻이야.

💬 2+3이 5와 같다는 것을 표시할 때 '='를 사용한단다.

덧셈식
익히기

2 + 3 = 5

주사위 두 개를 던진 뒤 그 수만큼 달걀판에 구슬을 넣으며 덧셈 놀이를 해보세요.

누가누가 빨리 옮길까?

숟가락 공 옮기기

아이들 누구나 좋아하는 '숟가락으로 공 옮기기' 놀이도 수학 공부가 될 수 있어요. 제한 시간 동안 미션을 완수하는 재미를 느낄 수 있고, 공을 덜어낸 뒤 남은 공을 세며 자연스럽게 뺄셈 공부도 할 수 있답니다. 아이들이 수학에 흥미를 느끼고 마음을 여는 기회가 될 수 있으니 꼭 함께해보세요.

놀이 효과   뺄셈 이해하기 / 10의 보수 알기 / 순발력 발달 / 운동감각 발달

 엄마 선생님 도움말

뺄셈은 어떤 수에서 어떤 수를 덜어내는 것으로 직접 구체물을 덜어보며 활동하는 것이 가장 효과적입니다. 초등학교 교육과정 역시 실생활에서 덧셈과 뺄셈의 의미를 이해하며, 구체물로 직접 활동을 해볼 것을 권장합니다. 구체물로 원리를 파악하고 꾸준히 연습하면 나중에는 구체물 없이도 머릿속에 수를 그릴 줄 알게 되어 오히려 계산 속도가 빨라집니다.

사전 준비

1. 작은 접시 2개에 각각 폼폼 10개씩을 담습니다.

2. 폼폼이 담긴 접시 옆에 각각 숟가락 5개씩을 나란히 놓고 맨 끝에 빈 접시를 하나씩 놓아주세요.

3. 2명 이상이 함께 활동하면 좋습니다. 준비물은 사람 수에 맞춰 준비해주세요.

준비물 숟가락 10개, 폼폼(또는 작은 공, 젤리 등) 10개, 작은 접시 2개, 중간 크기 접시 2개

1 폼폼을 세면서 숟가락으로 다른 접시에 옮겨 담는 연습을 합니다. 처음에는 폼폼의 수를 세면서 숟가락 하나로 접시에서 접시로 옮기고, 익숙해지면 각 숟가락으로 차례로 옮겨봅니다.

● 폼폼이 몇 개 있는지 하나씩 세면서 숟가락으로 옮겨볼까? 하나 일, 둘 이, 셋 삼….

● 폼폼을 옆 숟가락으로 옮기고, 또 그 옆 숟가락으로 옮겨보자.

2 두 사람이 1분 동안 10개의 폼폼을 5개의 숟가락을 모두 사용해서 다른 접시로 옮겨 담기 놀이를 합니다.

● 1분 동안 폼폼 10개 중에 몇 개를 다른 접시로 옮길 수 있을까?

● 폼폼을 몇 개 옮기는지 세면서 옮겨보자.

★ 먼저 폼폼을 손으로 잡아서 옮기지 않도록 약속해요.

3 작은 접시에 폼폼이 몇 개 남았는지 세고, 10이 몇 개와 몇 개로 '가르기'가 됐는지 말해봅니다.

● 사랑이는 폼폼 10개 중에 4개를 옮겼네. 작은 접시에 남은 폼폼이 몇 개인지 세어보자!

● 7은 10보다 몇 작은 수일까?

10 가르기

숫자를 쓰는 것에 익숙하다면 두 접시에 나뉜 폼폼의 개수를 세어 (6,4), (3,7) 등으로 종이에 쓰는 활동도 해보세요.

손으로 꾹! 발로 쾅쾅!

클레이 밟기 놀이

말랑말랑한 클레이를 굴려 공을 만들고 손과 발로 꾹꾹 누르는 놀이입니다. 클레이 공을 하나씩 꾹꾹 눌러 없애면서 자연스럽게 뺄셈 연습을 할 수 있습니다. 더불어 아이들의 정서와 오감 발달에도 도움을 주는 즐거운 놀이 활동입니다.

놀이 효과   뺄셈 원리 이해 / 뺄셈식 만들기 / 관찰력 발달 / 사고력 발달

 엄마 선생님 도움말

'숟가락으로 공 옮기기'가 뺄셈의 원리를 이해하는 활동이라면 이번 놀이는 뺄셈 상황을 이해하고 뺄셈식으로 나타내는 활동입니다. 우선 덜거나 제거하고 개수를 비교하는 등 다양한 뺄셈 상황을 경험하며 빼기의 의미를 이해하도록 해주세요. 그 후에 없애고 덜어내는 것을 간략하게 표현하기 위해 기호로 나타낸 것이 '-(빼기)'라는 것을 이야기해주는 것이 좋습니다.

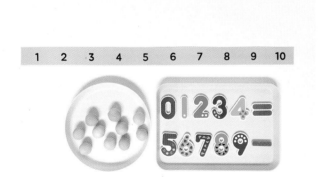

사전 준비

1. 종이를 80~100cm 길이로 길게 잘라 띠를 만들고 띠 위에 일정한 간격으로 1부터 10까지 적어요.

2. 아이와 함께 클레이를 손으로 굴려서 작은 공을 10개 이상 만들어놓아요. 공이 많아야 여러 번 활동할 수 있으니 많을수록 좋아요.

준비물 클레이, 종이, 펜, 주사위, 숫자 자석, 연산 자석(-, =)

1 클레이공을 띠 위에 적힌 숫자 아래에 하나씩 놓습니다.

⬤ 여기 숫자 아래에 공을 하나씩 놓아보자.

⬤ 공을 몇 개나 놓았니?

| 1 | 2 | 3 | 4 | 5 | 6 | 7 | 8 | 9 | 10 |

2 주사위를 던져 나온 수만큼 클레이공을 밟고, 남은 클레이공의 개수를 셉니다. 공이 없어진 것으로 '빼기'의 개념을 알려주고, '−' 기호를 익힙니다.

⬤ 10개에서 3개를 밟으니 공이 7개 남았네. 다시 공이 10개가 되려면 몇 개가 더 필요할까?

⬤ 저번에 숟가락으로 접시에 있는 공을 옮긴 것처럼, 이번에는 공을 밟아서 없앴네.

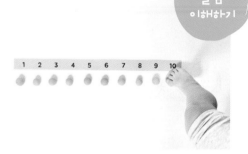

빼셈
이해하기

⭐ 10 아래에 있는 공부터 밟으면 남은 개수를 세기가 좋습니다.

3 주사위를 던져 나온 수만큼 공을 밟아 없앤 후에 숫자 자석으로 식을 만들어봅니다.

⬤ 공 10개 중에 3개를 밟았으니 남은 공은 몇 개일까?

⬤ 10개에서 3개를 없앴으니까 10−3이 되겠네! 숫자 자석으로 10−3을 만들어보자.

⬤ 남은 공의 개수는 '='을 놓고 그 옆에 놓으면 된단다. '='는 덧셈과 빼셈에 모두 쓸 수 있어.

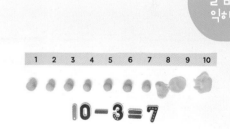

빼셈식
익히기

위 놀이를 하고 난 다음에는 다양한 빼셈식을 보고 손바닥으로 클레이공을 뭉개는 활동도 함께하면 좋습니다. 예를 들어 '8-7' 카드를 뽑으면 클레이공 8개를 놓고 그 중 7개를 손바닥으로 뭉개고 남은 개수를 세어봅니다.

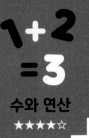

1+2
=3
수와 연산
★★★★☆

두 자리 수도 잘 알아요!

숫자 스티커 붙이기

두 자리 수를 익힐 때 자릿값도 함께 알아야 정확한 수 개념을 익힐 수 있습니다. 또한 자릿값에 대한 이해는 나중에 세 자리 수나 네 자리 수 등을 공부할 때도 위치적 기수법을 쉽게 이해할 수 있도록 도와줍니다. 주사위를 던지고 스티커를 붙이는 간단한 방법으로 자릿값 찾기 놀이를 해보세요.

놀이 효과   50까지의 수 알기 / 수 읽고 쓰기 / 자릿값 찾기 / 소근육 발달

 엄마 선생님 도움말

23이 20과 3이 더해진 수인 것처럼 두 자리 수는 몇십과 몇이 더해진 수입니다. 두 자리 수를 처음 접하는 아이들은 자릿수의 개념을 이해하는 것을 어려워합니다. '23'의 경우 '20'과 '3'이 아닌 '2'와 '3'의 조합이라고 잘못 생각할 수 있습니다. 따라서 활동을 할 때 '23에서 10은 몇 개 있을까?' 등과 같은 질문을 통해 십막대와 낱개의 수를 세며 각 자릿값에 대해 생각할 수 있는 기회를 주세요.

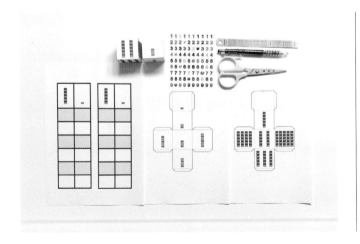

사전 준비

1. 종이로 주사위 2개를 만들어요. 주사위 하나에는 각 칸에 10짜리 숫자막대를 0~5개 그리고, 다른 주사위에는 각 칸에 사각형 낱개를 1~6개 그려주세요.

2. 종이에 2칸X7칸 표를 그려서 스티커판을 만들어요. 첫 칸에 10짜리 숫자막대(묶음)와 네모(낱개)를 하나씩 그려주세요.

준비물 종이, 숫자 스티커, 펜, 자, 가위

1

두 개의 주사위에 있는 숫자막대와 낱개를 살펴보고, 주사위를 던져 나온 수를 읽어봅니다.

🔘 막대 1개에는 네모가 10개 있네.

🔘 막대 2개와 네모 3개가 나왔구나. 네모를 모두 합하면 몇 개일까?

2

두 개의 주사위에서 나온 숫자막대와 네모 낱개를 보고, 스티커판의 숫자막대 칸과 낱개 칸에 숫자 스티커를 각각 붙입니다.

🔘 막대 3개와 네모 4개가 나왔구나. 각각의 칸에 어떤 숫자 스티커를 붙이면 될까?

🔘 주사위에서 0과 3이 나왔구나. 막대는 없고 네모만 3개 있으니 스티커 '3'만 붙이면 되겠다.

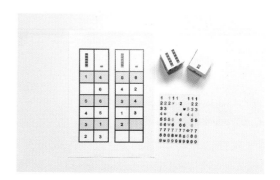

3

10짜리 숫자막대 칸의 수를 보고 각각의 수가 무엇을 의미하는지 이야기를 나눕니다. 23의 경우 2가 어떤 수를 의미하는지 생각해보는 것입니다.

🔘 23의 2에는 네모 10개짜리 막대가 몇 개 있지? 2개지. 10이 2개 있어서 20이란다.

🔘 42는 막대가 4개 있고, 네모가 5개 있어. 그럼 45의 '4'는 사실 어떤 수일까?

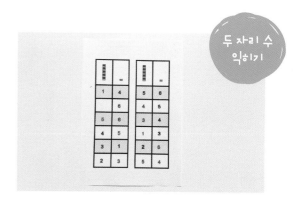

두 자리 수 익히기

순서를 거꾸로 하여 두 자리 수 만들기를 해보세요. 먼저 숫자 스티커로 두 자리 수를 만든 다음, 두 개의 주사위를 그 수에 맞게 놓아 두 자리 수와 그 양을 대응해보며 익히는 거예요.

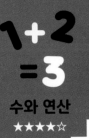

돌려라 돌려!

휴지심 숫자 놀이

요리조리 색종이 고리를 돌리면 다양한 숫자가 만들어지는 재미있고 신기한 놀이입니다. 이렇게 스스로 숫자를 만들다 보면 자릿수에 대한 개념을 자연스럽게 익히게 되어 두 자리 수에 대해 더 알아보고 싶어질 거예요.

놀이 효과 두 자리 수 알기 / 수 읽고 쓰기 / 자릿값 찾기 / 집중력 발달

 엄마 선생님 도움말

수의 각 자리마다 나타내는 값이 다르기에 똑같은 숫자라도 어느 자리에 있는지에 따라 값이 달라집니다. 78의 경우 7은 10이 일곱, 8은 낱개가 여덟이라는 것을 의미합니다. 이 놀이를 하며 숫자를 만들 때도 "78에서 7은 사실 어떤 수를 말하는 걸까?", "7은 10이 몇 개 있다는 뜻일까?" 등의 질문을 통해 십의 자리 수의 자릿값을 생각하게 해주세요.

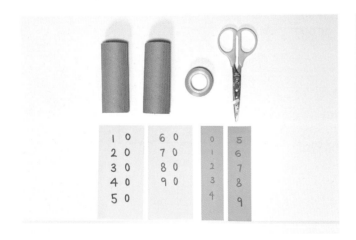

사전 준비

1. 각기 다른 색의 색종이를 2장 준비해요.

2. 색종이 한 장을 길게 4등분한 다음, 그 중 두 장에 0부터 9까지 숫자를 써주세요.

3. 다른 색종이는 2등분한 다음, 10, 20, 30 … 90까지 써주세요.

준비물 휴지심, 색종이 2장, 테이프, 가위, 펜

1 색종이를 말아 붙여서 각각 고리를 만들어 휴지심에 끼웁니다. 2등분한 색종이 고리 위에 4등분한 색종이 고리를 끼워야 합니다.

💬 노란 색종이 고리 위에 초록 색종이 고리를 끼워볼까?

⭐ 4등분한 색종이가 2등분한 색종이 숫자의 0 위에 오도록 위치를 잡아주세요.

2 2등분한 색종이 고리는 움직이지 않고 4등분한 색종이 고리를 돌려서 여러 가지 두 자리 수를 만듭니다.

💬 노란 색종이 고리는 그대로 두고 초록 색종이 고리를 돌려보자. 두 숫자가 만나서 여러 가지 수가 만들어지네.

💬 초록 색종이를 돌려서 만든 수를 읽어볼까? 21, 22, 23….

두 자리 수 익히기

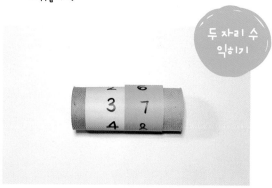

⭐ 여러 숫자를 만들 수 있도록 4등분 색종이 고리를 바꿔 끼워봅니다.

3 처음에는 4등분한 색종이 고리를 돌리며 수를 만들고, 그다음에는 2등분한 색종이 고리를 돌리며 수를 만듭니다.

💬 이번에는 초록 색종이 고리는 그대로 두고 노란 색종이 고리를 돌려볼까?

💬 이번에 만든 수를 읽어볼까? 17, 27, 37….

💬 37의 3은 알고 보니 30이었네. 0이 초록 색종이 속에 숨어 있던 거였구나!

두 자리 수 익히기

➕ '숫자 스티커 붙이기 놀이'에서 만든 주사위를 활용한 놀이로 연결해보세요. 주사위 두 개를 던져 나온 수를 색종이 고리를 돌려 만들어봅니다.

1+2
=3
수와 연산
★★★★☆

가까운 수 맞추기

엄마가 부르는 수와 가장 가까운 수를 찾는 사람이 이기는 놀이입니다. 카드를 빨리 집어 들어야 하기 때문에 긴장감 있으면서도 즐거운 시간을 함께 보낼 수 있어요. 어림하기 및 수 서열을 쉽고 재미있게 익힐 수 있습니다.

놀이 효과 어림하기 / 수 서열 알기 / 순발력 향상

 엄마 선생님 도움말

대강 헤아린 수나 양을 구하는 어림하기와 연계되는 활동입니다. 초등학교 수학 교육과정에서는 실생활에서 수학의 개념을 적용하고 활용하는 데 초점을 둡니다. 그러니 마트에서 계산하기, 키와 몸무게 재기 등 일상생활에서도 어떤 수와 가까운 수를 찾는 연습을 자주 해보세요.

사전 준비

1. 아이와 함께 미리 물건 카드를 만듭니다. 도화지를 작게 자르고, 그 위에 마트 전단지 등에서 오린 다양한 물건 사진을 붙여둡니다. 카드에는 물건 가격을 쓸 수 있는 자리를 비워두세요.
2. 부모님이나 형제자매 등 2명 이상이 함께 활동하는 것이 좋습니다.

준비물 도화지, 전단지, 가위, 펜, 풀

1 과일, 휴지 등의 물건 카드를 보고 적당한 가격을 정한 뒤 빈칸에 물건의 가격을 50 이하의 수로 씁니다.

🔵 사과는 얼마에 팔까?

🔵 휴지가 48원이고, 아이스크림은 22원이구나.

⭐ 두 자리 수를 세는 것에 익숙하다면 1~100 사이로 가격을 적습니다. 쓰는 것은 부모님이 도와주세요.

2 물건 카드를 보며 가격을 읽어보고, 그 가격이 어떤 수와 가까운지 생각해봅니다.

🔵 같이 읽어보자. 사과는 37원!

🔵 바나나는 29원이고, 아이스크림은 22원이구나. 어느 것이 30에 더 가까울까?

어림하기

3 카드 게임을 해봅니다. 한 사람이 10, 20, 30, 40, 50 중에서 한 수를 말하면 가장 가까운 가격의 물건 카드를 찾습니다. 숫자에 가까운 가격을 찾은 사람이 카드를 가져가서 마지막에 카드를 많이 가진 사람이 이깁니다.

🔵 30원과 가장 가까운 것은 무엇일까?

🔵 아빠는 22원짜리 아이스크림을 골랐고, 사랑이는 28원짜리 우유를 골랐네. 어느 수가 30에 더 가까울까?

⭐ 두 사람이 고른 카드의 차이가 같으면 두 사람 모두 카드를 가져갑니다.

가까운 수 찾기 놀이에 익숙해지면 덧셈 활동을 더해서 난도를 한 단계 높여보세요. 엄마가 50원을 말하면 가격을 합해서 50원과 가장 가까운 가격의 물건 2개를 찾는 것입니다. 예를 들어 33원짜리 색종이와 14원짜리 사과를 합쳐 50과 가까운 수를 만들 수 있습니다.

1+2
=3
수와 연산
★★★★★

받아올림 완전 정복!

달걀판 덧셈 계산기

받아올림이 어려운 아이들을 위해 달걀판 덧셈 계산기를 준비했어요. 달걀판 계산기로 덧셈을 하면 받아올림을 쉽게 이해할 수 있고, 나중에는 머릿속으로도 계산을 할 수 있게 도와준답니다. 즐거운 덧셈 놀이 함께하세요.

놀이 효과 받아올림 이해 / 10의 보수 이해 / 암산능력 향상 / 사고력 발달

엄마 선생님 도움말

받아올림은 우선 구체물로 셈을 연습하다가 익숙해지면 머릿속으로 셈하기를 연습하도록 합니다. 항상 10개를 먼저 채우고 남은 개수를 세는 방법에 익숙해지게 하는 것이 포인트입니다. 6+7=(6+4)+3=10+3=13(개)이라는 것을 인지합니다. 익숙해지면 실제 물건 없이 머릿속으로 상황을 상상하며 더해봅니다.

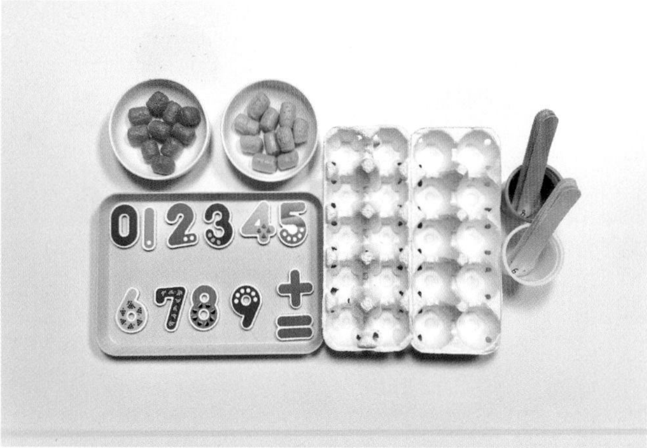

준비물 10구 달걀판 두 개, 두 가지 색 플레이콘 10개씩, 그릇 2개, 아이스크림 막대 9개, 컵 2개, 숫자 자석, 연산 자석(+, =)

사전 준비

1. 아이스크림 막대 한쪽 끝에 숫자를 써주세요. 5에서 9까지 쓴 것을 한 세트, 6에서 9까지 쓴 것을 한 세트 만듭니다.
2. 만든 막대 세트를 숫자가 보이지 않도록 각각 따로 컵에 넣어 놓습니다.

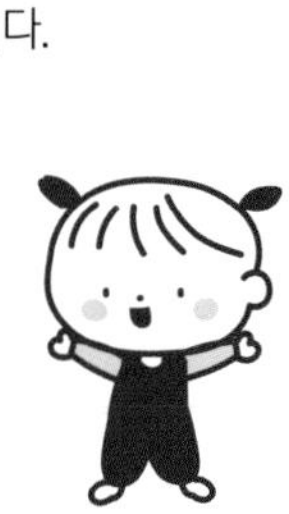

1
한쪽 컵에서 아이스크림 막대를 하나 뽑아, 그 수만큼 빨간색 콘을 달걀판 하나에 넣고 숫자 자석으로 숫자를 표시합니다.

● 빨간색 콘 6개를 달걀판에 넣어볼까?

● 6개에 맞는 숫자 자석을 함께 놓아보자.

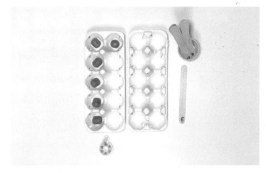

⭐ 콘을 넣을 때는 칸을 건너뛰지 않고 차례대로 채워 넣어야 세기가 좋아요.

2
다른 컵에서 아이스크림 막대를 하나 더 뽑습니다. 나온 수만큼 나머지 달걀판에 초록색 콘을 넣고, 숫자 자석으로 표시합니다. 전체 콘의 수를 세어봅니다.

● 7이 나왔네! 이번에는 초록색 알을 달걀판에 넣어볼까?

● 콘이 총 몇 개가 있는지 하나씩 세어보자.

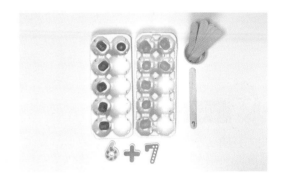

3
한쪽 달걀판의 빈자리에 다른 달걀판의 콘을 옮겨 넣어 10칸을 모두 채운 후 전체 개수를 세어 '=' 옆에 숫자 자석으로 표시합니다.

● 초록색 콘 네 개를 옆 달걀판으로 옮겨서 '10'을 만들어보자.

● 달걀판에 콘이 각각 10개와 3개가 있네. 콘이 총 몇 개지?

● 6 더하기 7은 10 더하기 3과 같네.

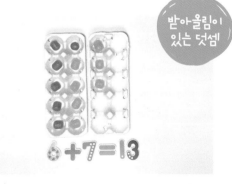

받아올림이 있는 덧셈

⭐ 콘을 옮길 때는 끝에서 차례대로 하나씩 옮기는 게 좋아요.

이 활동이 익숙해지면 머릿속으로 더하기를 하는 연습을 해봅니다. 예를 들어 9+5의 경우, 빨간색 달걀 9개와 초록색 달걀 5개를 달걀판에 각각 넣은 뒤 머릿속으로 초록색 달걀 하나를 왼쪽으로 옮겨 10개를 채우는 것을 상상합니다. 그다음 10과 4를 더하는 것을 상상합니다.

받아내림도 문제없어!

달걀판 뺄셈 계산기

달걀판만 있으면 받아내림이 있는 뺄셈도 척척 해결할 수 있답니다. 이렇게 스스로 문제를 해결하고 설명하는 과정을 통해 수학적인 사고력과 의사소통 능력까지 향상할 수 있어요. 그러니 아이와 함께 즐겁게 놀이하며 해결 방법에 관해 대화하는 시간을 충분히 가지세요.

놀이 효과 받아올림 이해 / 10의 보수 이해 / 암산능력 향상 / 사고력 발달 / 수학적 의사소통능력 발달

 엄마 선생님 도움말

받아내림이 있는 뺄셈을 하는 데는 두 가지 방법이 있습니다. 12-3의 경우 첫 번째, 3을 2와 1로 가르기 해서 12의 일의 자리 수인 2부터 빼고 남은 10에서 1을 빼는 것입니다. 두 번째, 12를 10과 2로 가른 뒤, 10에서 3을 뺀 값에 2를 더해주는 방법이 있습니다. 아이가 어려워한다면 10의 보수 찾기, 수 가르기와 모으기 활동을 더 연습해보세요.

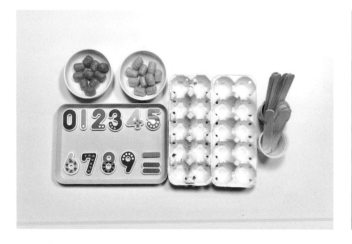

사전 준비

1. 아이스크림 막대 한쪽 끝에 숫자를 써주세요. 2에서 9까지 쓴 것을 한 세트, 11에서 19까지 쓴 것을 한 세트 만듭니다.
2. 만든 막대 세트를 숫자가 보이지 않도록 각각 따로 컵에 넣어 놓습니다.

준비물 10구 달걀판 두 개, 두 가지색 플레이콘 10개씩, 그릇 2개, 아이스크림 막대 17개, 컵 2개, 숫자 자석, 연산 자석(-, =)

1

아이스크림 막대(11~19) 중 하나를 뽑아 그 수만큼 달걀판에 콘을 넣고 숫자 자석으로 숫자를 표시합니다. 이때 달걀판마다 다른 색의 콘을 넣어야 합니다.

🔵 12가 나왔구나. 콘을 달걀판에 하나씩 넣어보렴.

🔵 달걀판 하나에 초록색 콘 10개를 가득 채웠다면 다른 달걀판에는 빨간색 콘 몇 개를 더 넣어야 할까?

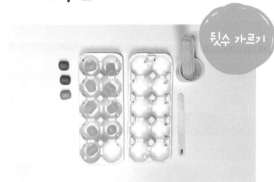

⭐ 콘을 넣을 때는 칸을 건너뛰지 않고 차례대로 채워 넣어야 세기가 좋아요.

2

아이스크림 막대(2~9) 하나를 더 뽑아요. 나온 수만큼 우선 오른쪽 달걀판에서 콘을 빼내고, 부족하다면 왼쪽 달걀판에서 더 빼냅니다.

🔵 오른쪽 달걀판에서 2개를 먼저 빼내고, 왼쪽 달걀판 10개에서 1개를 더 빼냈구나.

🔵 3을 2와 1로 가른 뒤, 12에서 2를 빼고 1을 더 뺀 거구나.

뒷수 가르기

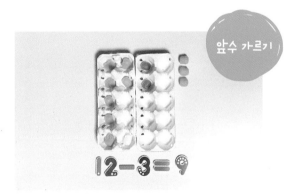

3

다시 달걀판에 콘을 채워요. 남은 전체 콘의 개수를 세어보고, 달걀판 아래에 숫자 자석으로 식을 표시합니다.

🔵 콘 10개가 있는 왼쪽 달걀판에서 3개를 먼저 빼내고, 오른쪽 달걀판에 남은 2개를 더해줬네.

🔵 12를 10과 2로 가른 뒤, 10에서 3을 빼낸 7에 2를 더해준 거구나.

앞수 가르기

⭐ 언뜻 복잡해보여도 이 방식대로 연습하다 보면 보수의 개념에 익숙해져서 뺄셈 속도가 빨라집니다.

 이 활동이 익숙해지면 머릿속으로 뺄셈 연습을 해봅니다. 13-6의 경우, 10개가 들어있는 왼쪽 달걀판에서 6개를 빼내는 상상을 합니다. 그다음 왼쪽 달걀판에 남은 달걀 4개와 오른쪽 달걀판에 남은 3개를 더하는 것을 상상합니다.

다양한 놀이가 가능해요!

수배열판 퍼즐 놀이 3

아이들이 좋아하는 퍼즐 놀이를 수배열판으로 할 수 있답니다. 시중에 파는 제품을 구매해도 좋지만 종이에 수배열판을 프린트해서 사용하면 색칠도 하고 퍼즐도 맞추는 등 더욱 다양하고 재미있는 놀이를 할 수 있습니다.

놀이 효과　　100까지 수 세기 / 수 읽기 / 사고력 발달 / 시지각능력 발달

 엄마 선생님 도움말

수배열판은 1부터 100까지의 수 개념을 다양하게 익힐 수 있는 유용한 교구입니다. 100까지 수의 순서, 뛰어 세기 등 여러 수 개념을 익힐 수 있으며 자르거나 접어서 다양한 활용이 가능합니다. 수배열판 퍼즐을 맞출 때 아이가 어려워한다면 부모님께서 일부분을 맞춘 뒤에 아이가 맞추도록 해주시고, 쉽게 배치할 수 있는 가장자리 조각부터 맞추도록 유도하세요.

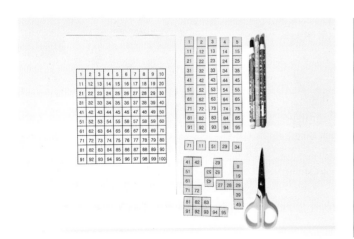

사전 준비

1. 수배열판(1~100) 자료를 준비해서 다른 색으로 4장을 프린트합니다. 4장을 각각 다른 색으로 색칠해도 좋습니다.

2. 수배열판 1장은 세로로 10등분해서 자르고, 1장은 100등분을 해주세요. 1장은 다양한 모양의 퍼즐 조각으로 자유롭게 잘라주세요.

준비물 수배열판 프린트 4장, 가위

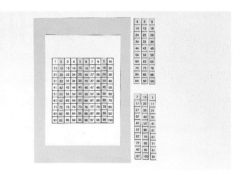

1 수배열판을 바닥에 두고, 그 위에 세로 퍼즐 조각 10 개를 맞추어 올립니다.

💬 조각이 10개 있네. 한번 같이 살펴보자!

💬 1, 11, 21…. 1로 시작하는 조각에 있는 10개의 수는 모두 1로 끝나는구나.

💬 모든 수가 3으로 끝나는 조각은 어느 수 옆에 두면 될까?

1~100인 수

2 수배열판 위에 1~100의 숫자 조각을 각각 맞추어 올려봅니다. 가까이 있는 수를 찾으며 수 사이의 규칙에 대해 이야기를 나눕니다.

💬 88은 어느 수 옆에 오면 될까?

💬 70은 60 아래, 80 위에 있네!

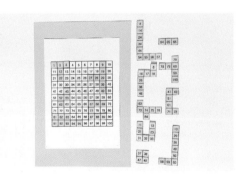

3 수배열판 위에 다양한 모양으로 잘린 숫자 퍼즐 조각을 올려 맞추어봅니다.

💬 가장자리에 둘 조각부터 맞추는 것이 쉽단다.

💬 3 옆의 자리에는 4가 와야겠지. 4가 있는 조각을 찾아보자.

3번 놀이 후에는 밑에 깔아둔 수배열판을 치우고, 퍼즐 조각만으로 퍼즐을 맞추어 수배열판을 완성하는 활동도 함께해보세요.

알록달록 색칠하고 놀자!

수배열판 색칠 놀이 3

수배열판에서 엄마가 불러주는 수를 찾아서 하나씩 색칠하면 귀여운 병아리와 강아지를 그릴 수 있어요. 두 자리 수에 익숙해지는 활동이면서 완성된 그림을 보며 성취감을 느낄 수 있는 활동이랍니다. 색연필만 준비하면 1부터 100까지의 수 세기와 뛰어 세기를 재미있고 즐겁게 익힐 수 있어요!

놀이 효과　　100까지 수 세기 / 뛰어 세기 / 수의 규칙 이해 / 성취감 형성

 엄마 선생님 도움말

수배열판을 활용하여 수 세기를 하면 덧셈과 곱셈 등의 연산 및 규칙 찾기 능력을 기를 수 있습니다. 아이와 활동할 때는 수배열판을 규칙적으로 색칠하며 색칠한 숫자끼리 공통점을 찾아보고, 또 주변에 있는 숫자와 얼마씩 차이가 나는지 질문하고 답하며 수에 대한 감각을 기를 수 있도록 도와주세요.

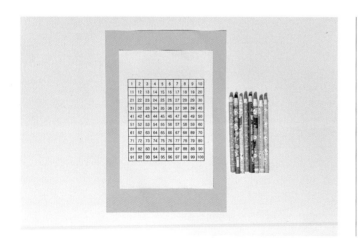

준비물 수배열판, 색연필

 **사전 준비**

1. 수배열판(1~100) 자료를 준비해서 여러 장 프린트합니다.

1

'21, 22, 23…'과 같이 앞자리가 같은 수를 찾아 같은 색으로 칠하고, 같은 색으로 칠한 수 사이의 규칙을 찾아봅니다.

🔵 파란색으로 색칠한 '31, 32, 33…'은 어떤 점이 서로 같은 것 같니?

🔵 '51, 52, 53…'은 얼마씩 커지고 있는 걸까?

100까지 수 세기

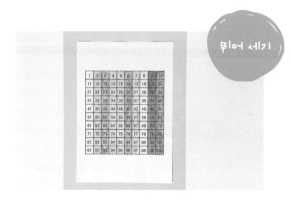

2

이번에는 '11, 21, 31…'처럼 끝자리가 같은 수를 찾아 같은 색으로 칠하고, 같은 색으로 칠한 수 사이의 규칙을 찾아봅니다.

🔵 1부터 91까지 10씩 커지는구나. 2, 12, 22, 32는 얼마씩 커지고 있는 걸까?

🔵 100, 90, 80은 얼마씩 작아지고 있는 걸까? 눈을 감고 거꾸로 수를 세어보자.

뛰어 세기

3

다음 수를 색칠해서 무엇이 나오는지 확인해봅니다.

① ①

·노랑: 4~7, 13~18, 23, 25, 26, 28, 32~39, 41~60, 63~68

·주황: 73, 78, 83, 88, 92~94, 97~99

·검정: 24, 27

② ②

·갈색: 16, 17, 19, 20, 26, 30, 36, 40, 46, 50

·황토: 27, 29, 31, 41~45, 52~55, 62

·초록: 81, 85, 86, 90, 91~100

·검정: 27, 29, 38에 동그라미를 그려요.

·나머지는 하늘색으로 칠해요.

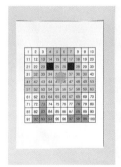
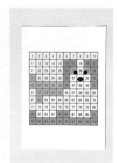

수배열판에 곰돌이, 우산, 개구리 등 자신이 원하는 그림을 그린 뒤 색칠을 하고, 색칠한 숫자를 함께 읽고 써보는 활동도 할 수 있습니다.

숨은 수를 찾아봐!

수배열판 수 찾기 3

수학의 기초를 튼튼하게 만드는 가장 핵심은 바로 수 개념을 확실히 쌓는 일입니다. 이번 활동은 숨은 수, 1 작은 수와 1 큰 수, 10 작은 수와 10 큰 수 등을 찾아봄으로써 아이들이 수 개념을 더욱 체계적으로 쌓을 수 있도록 도와줍니다.

놀이 효과　100까지 수 세기 / 뛰어 세기 / 암산능력 발달 / 추론능력 발달

 엄마 선생님 도움말

수배열판 위의 수를 가릴 때 무작위로 가릴 수도 있지만 '10, 20, 30…'과 같이 규칙을 포함한 수를 가려 자연스럽게 뛰어 세기를 익히게 해주세요. 아이가 스스로 '2, 4, 6, 8…'과 같이 2씩 더하며 수 위에 동전을 놓는 활동을 하게 하는 것도 좋습니다. 이렇게 수배열판으로 수 개념을 익히면 앞으로 공부하게 되는 곱셈, 나눗셈과 같은 연산 학습에 큰 도움이 됩니다.

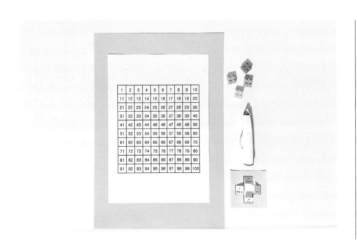

사전 준비

1. 수배열판(1~100) 자료를 준비해서 여러 장을 프린트합니다.

2. 수배열판과 같은 크기의 상자 5개로 십자가 그림을 만들고, 왼쪽 칸에는 '1 작은 수', 오른쪽 칸에는 '1 큰 수', 윗칸에는 '10 작은 수', 아랫칸에는 '10 큰 수'라고 적고 사진과 같이 잘라주세요.

준비물 수배열판, 블록(또는 동전), 수정테이프, 펜

1 수배열판 위의 여러 수를 블록이나 동전 등으로 가린 뒤 숨은 수가 무엇인지 맞춰봅니다.

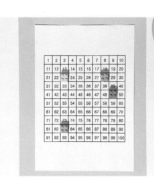

● 블록으로 4개의 수를 가렸어. 어떤 수가 숨었는지 찾아볼까?

● 2, 4, 6을 찾았구나. 다음 가려진 수는 무엇일까?

● 22 옆에 있고 33 위에 있는 수는 무엇일까?

2 수정테이프로 수배열판의 수를 몇 개 지운 뒤, 지운 칸에 다시 써봅니다. 빈칸을 만들 때는 무작위로 지울 수도 있지만 5로 끝나는 수 지우기, 대각선 수 지우기 등 여러 규칙을 활용해보세요.

● 5, 10, 15를 썼구나. 사랑이가 새로 쓴 수는 몇씩 커지고 있니?

● 대각선으로 가려진 수는 어떤 규칙을 가지고 있을까?

3 십자가 종이를 여러 수 위에 두고 1 작은 수, 1 큰 수, 10 작은 수, 10 큰 수를 맞추어봅니다.

● 엄마가 14 위에 십자가 종이를 올렸어. 14보다 1 작은 수와 1 큰 수는 무엇일까?

● 55보다 10 작은 수는 45야. 그럼 10 큰 수는 무엇일까?

전지 위에 빈칸이 있는 수배열판을 그린 뒤 빈칸에 들어갈 숫자를 포스트잇에 써서 집안 곳곳에 숨겨요. 그다음 숨은 숫자를 찾아 수배열판에 붙이며 수를 익히는 활동도 해보세요.

누가누가 많이 차지할까?
수배열판 주사위 놀이 3

수배열판을 이용해서 할 수 있는 주사위 놀이 세 가지를 소개합니다. 주사위에 '꽝'과 어디든 갈 수 있게 해주는 '♥'도 넣으면 매우 박진감 넘치고 흥미로운 게임을 할 수 있어요. 이 과정에서 수 개념을 익히고 암산 능력도 기를 수 있을 뿐만 아니라 차례를 기다리는 기본 생활 규칙도 배울 수 있답니다.

놀이 효과　　연산능력 향상 / 암산능력 발달 / 놀이 규칙 이해 / 사고력 발달

 엄마 선생님 도움말

주사위 놀이를 통해 여러 가지 연산을 연습할 수 있습니다. 1부터 시작하면 덧셈을, 100부터 시작하면 뺄셈을 연습할 수 있으니 서로 시작 위치를 바꾸어 다양하게 연습할 수 있도록 합니다. 두 개의 주사위를 사용할 때는 두 수의 합을 암산으로 구해야 합니다. 아이가 암산을 어려워한다면 수배열판을 보고 세어보면서 계산할 수 있게 도와주세요.

사전 준비

1. 수배열판(1~100) 자료를 준비해서 여러 장을 프린트합니다.

2. 수배열판 하나에는 무작위로 별 10개를 그려주세요.

3. 주사위를 2개 만듭니다. 주사위①에는 10, 20, 30, 40, ♥(원하는 곳으로 가기), 꽝을 표시하고, 주사위②는 1~6 숫자를 표시해주세요.

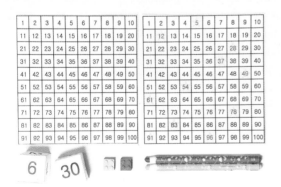

준비물 수배열판, 주사위, 색연필, 놀이말

1 주사위②를 굴려서 나온 수만큼 땅을 차지하고, 차지한 칸을 색칠하는 땅따먹기를 해봅니다. 한 명은 1에서, 한 명은 100에서 시작하며, 서로 만났을 때 땅이 많은 사람이 이깁니다.

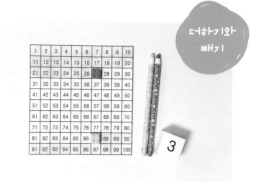
더하기와 빼기

🔵 6이 나왔네. 20에서 6칸 앞으로 가면 얼마가 될까? 그만큼 칠해보렴.

🔵 3이 나왔네. 100에서 3칸 뒤로 가보자. 몇 칸을 색칠하면 될까?

2 주사위①과 주사위②를 던져서 나온 수를 더해 두 자리 수를 만들고 그 수만큼 말을 옮깁니다. 함께 1에서 시작해서 먼저 100에 도착하는 사람이 이깁니다.

100까지의 수 익히기

🔵 10과 5가 나왔네. 열 칸 옮기고 다섯 칸을 옮겨보자.

🔵 20과 6이 나왔네. 어느 수까지 가야 할까?

3 주사위①과 주사위②를 가지고 별이 있는 수배열판에서 하는 놀이입니다. 수배열판 위에서 별을 만나면 10점, 100에 먼저 도착하면 30점을 얻습니다. 점수를 많이 얻은 사람이 이깁니다.

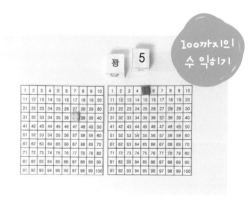
100까지의 수 익히기

🔵 별을 만났구나. 지금까지 점수에 10점을 더해보자!

🔵 사랑이가 100에 먼저 도착했고, 별을 네 개 모았으니 총 70점으로 이겼네.

⭐ 주사위①에서 '♥'가 나오면 원하는 곳으로 이동하고, '꽝'이 나오면 주사위②의 수만큼만 이동합니다.

주사위 대신 아이스크림 막대에 1에서 9까지 적고, 이 중에서 하나를 뽑아 그 수만큼 이동하거나 젤리를 놓는 놀이를 할 수도 있습니다. 칸 안에 젤리를 놓는 활동만으로도 아이들이 매우 즐거워하며, 소근육을 기를 수 있습니다.

신나는 점프 놀이를 해보자!

콩주머니 뛰어 세기

콩주머니 여러 개를 땅에 원형으로 둘러 놓은 뒤 숫자를 세면서 2개씩 건너 뛰어보고, 3개씩 건너 뛰어보는 놀이를 해봅니다. 콩콩 신나게 뛰어놀면서 어렵게 느껴지는 뛰어 세기도 쉽게 익힐 수 있답니다.

놀이 효과   뛰어 세기 이해 / 곱셈의 원리 이해 / 연산감각 향상 / 대근육 발달 / 신체조절능력 발달

 엄마 선생님 도움말

초등학교 2학년 과정에 '뛰어 세기'가 있습니다. '2, 4, 6, 8…'처럼 숫자를 일정한 간격으로 세는 것인데, 처음 접할 때는 머릿속으로만 생각하는 것이 어려우므로 시각적으로 활동할 수 있는 구체물이 필요합니다. 콩주머니 뛰어 세기는 눈으로 세고 몸으로도 뛰어보기에 그 원리를 더욱 쉽게 체득할 수 있습니다. 자연스럽게 뛰어 세기의 개념을 몸으로 익히도록 간격을 바꿔가며 다양하게 반복해주세요.

사전 준비

1. 양말(작은 주머니) 안에 쌀이나 콩을 담아서 입구를 묶고, 발목 부분을 뒤집어 콩주머니를 10개 만들어요.

2. 콩주머니 10개를 일정한 간격으로 둥글게 늘어놓고, 각각의 콩주머니 옆에 숫자 카드(1~9)와 화살표 카드(←)를 붙여주세요. 아이가 뛰어야 하니 매트 위에서 활동하면 좋아요.

*콩주머니를 준비하는 것이 어려우면 다른 장난감을 놓거나 숫자 카드만 두고 활동할 수도 있습니다.

준비물 콩주머니 10개, 숫자 카드(1~9, ←), 테이프

1 콩주머니가 몇 개 있는지 세면서 각각의 콩주머니 옆에 붙어 있는 숫자를 읽어보고, 뛰어 세기에 대해 이야기를 나눕니다.

💬 하나, 둘, 셋… 열. 콩주머니가 10개 있구나.

💬 ←(화살표)에서 시작해볼까? 한 칸 뛰면 1, 그다음엔 2, 3 이렇게 가겠구나.

💬 두 칸씩 뛰면 2에 가고 그다음엔 4, 다음은 6이겠구나.

2 콩주머니를 따라 하나씩 세며 뛰어보고, 둘씩 뛰어 세며 뛰어봅니다.

뛰어 세기

💬 ←(화살표)에서부터 한 칸씩 콩콩 뛰어보자!

💬 이번에는 두 칸씩! 2, 4, 6! 다음엔 어디로 가야 할까?

3 한 번에 세 칸, 네 칸 등 뛰어 세기 간격을 넓혀 뛰어봅니다. 뛰면서 "3, 6, 9, 12…"와 같이 말로 뛰어 세는 연습도 함께 합니다.

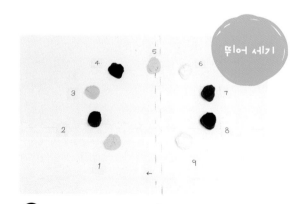

뛰어 세기

💬 이번에는 세 칸씩 뛰어볼까?

💬 9에서 3칸 더 가면 2가 나오네. 한 바퀴 돌았으니 2를 12로 읽으면 되겠구나.

⭐ 수 간격이 넓어지면 콩주머니를 안으로 넣어 거리를 좁혀주세요.

 수배열판을 가지고 각 숫자에 동그라미를 그리며 뛰어 세기를 연습해보세요.

젓가락으로 옮겨보자!

보리과자 묶어 세기

젓가락이나 손으로 과자를 집어 칸마다 몇 개씩 모아 놓는 활동입니다. 칸 안으로 과자를 딱 맞게 옮겼을 때 성취감을 느낄 뿐만 아니라, 칸을 채워나가며 집중력과 인내심도 기를 수 있습니다. 곱셈과 나눗셈의 원리도 배울 수 있으니 일석이조 활동이겠죠?

놀이 효과 묶어 세기 / 곱셈과 나눗셈의 원리 이해 / 소근육 발달 / 소근육 조절능력 발달 / 인내심 기르기

 엄마 선생님 도움말

초등학교에서는 곱셈을 공부하기 전에 뛰어 세기, 묶어 세기 등 다양한 수 세기를 통해 곱셈의 의미 및 원리를 먼저 이해하는 활동을 합니다. 따라서 이 놀이를 하기 전에 일상생활에서 물건의 수를 자주 세어보고, 묶어 세기의 편리함을 알고 필요성을 느껴보게 하는 것이 좋습니다. 놀이 중에는 여러 가지 방법으로 전체의 수를 몇 묶음으로 묶을 수 있는지에 대해 정확하게 표현할 수 있도록 도와주세요.

준비물 보리과자, 종이, 펜, 자, 그릇, 집게, 목공풀, 아이스크림 막대 여러 개

사전 준비

1. 종이에 5칸X5칸 또는 10칸X10칸을 그려주세요. 각 칸의 가로와 세로가 각각 3cm 정도의 크기면 좋습니다.

2. 다른 종이에는 2칸X5칸을 그려주세요. 한 칸에 과자를 3개 이상 놓을 것이므로 가로와 세로가 각각 5cm 이상이면 좋습니다.

1

그릇에 담긴 보리과자를 젓가락으로 집어 5칸X5칸 종이에 그려놓은 칸에 하나씩 옮긴 뒤, 보리과자의 개수를 셉니다.

🔵 수를 세며 과자를 하나씩 옮겨보자.

🔵 과자가 총 몇 개 있는지 세어볼까?

⭐ 아직 젓가락 사용이나 집게 사용이 어렵다면, 손가락으로 집어서 옮겨도 됩니다.

2

2칸X5칸 종이 한 칸에 과자를 두 개씩, 세 개씩, 네 개씩 등 똑같이 놓은 뒤 묶어서 세어봅니다.

🔵 과자 3개씩 네 칸에 나눠놓으니 모두 12개가 있네!

🔵 과자 10개를 한 칸에 두 개씩 담으니까 몇 묶음이 되지?

묶어 세기

3

아이스크림 막대 여러 개에 목공풀을 같은 수만큼 짜놓고, 집게로 과자를 집어 올려봅니다. 아이스크림 막대에 같은 개수로 과자를 올려야 곱셈이 되는 묶어 세기의 원리를 이해할 수 있습니다.

🔵 과자 4개씩 있는 아이스크림 막대 3개에는 과자가 총 몇 개 있는지 세어볼까?

🔵 이번에는 과자 15개를 막대에 3개씩 나눠 올려보자. 3개씩 5묶음이네!

묶어 세기

➕ 보리과자를 그릇 여러 개에 담아 묶어 세기를 할 수 있습니다. 작은 칸이 나뉜 얼음틀이나 쿠키틀을 활용하면 좋습니다.

알록달록 물감 놀이하자!

열매 찍기 놀이

면봉으로 알록달록 열매를 콕콕 찍는 놀이는 아이들 누구나 좋아하는 활동입니다. 열매 찍기 놀이에서는 열매의 수를 다양한 방법으로 세며 곱셈의 필요성을 인식하고, 곱셈의 개념을 이해할 수 있습니다.

놀이 효과 곱셈의 필요성 알기 / 곱셈의 개념 알기 / 묶어 세기 / 수학적 의사소통능력 발달

 엄마 선생님 도움말

수 감각을 기르지 않고 곱셈구구를 암기로만 익히면 실제 연산을 할 때 어려워하는 경우가 많습니다. 이러한 상황을 예방하고 아이에게 수학에 대한 자신감을 심어주려면 앞으로 세기, 거꾸로 세기, 뛰어 세기, 묶어 세기 등 다양한 방법으로 수 세기를 연습하는 것이 좋습니다. 수 세기를 연습하면서 물건의 수를 세는 여러 가지 방법을 경험하게 하고, 가장 편리한 방법이 무엇인지 찾아내도록 도와주세요.

사전 준비

1. 종이 위에 나무를 그려주세요. 그 아래에는 식을 쓸 수 있는 자리를 비워두세요.
2. 다른 종이에는 각 나무 아래에 같은 수를 여러 번 더하는 식을 적어주고, 옆에는 곱셈식을 쓸 수 있는 자리를 비워주세요.

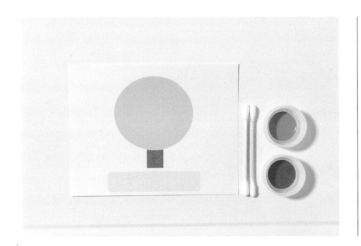

준비물 면봉, 물감, 종이, 연필, 펜

1 면봉에 물감을 묻힌 뒤 나무 아래 적힌 개수만큼 열매를 자유로운 모양으로 찍어봅니다. 열매를 여러 개 찍은 다음에는 연필로 열매를 묶어봅니다.

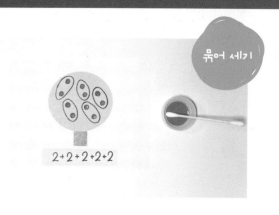

- 🟢 열매가 2개씩 다섯 묶음 있네? 덧셈식으로 말해보고 나무 아래에 식을 적어보자.

- 🟢 이번에는 5개씩 두 묶음으로 묶었구나. 덧셈식으로 표현하면 5+5가 되겠네.

2 이번에는 덧셈식을 보고 그 개수만큼 열매를 찍습니다. 수를 직관적으로 세기 쉽도록 한 번 더할 때마다 줄을 바꾸어 열매를 찍으면 좋습니다.

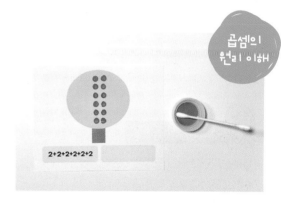

- 🟢 나무가 2+2+2+2+2만큼 예쁜 열매를 맺고 싶다고 하네! 열매를 찍어서 만들어주자.

- 🟢 2+2+2+2+2는 2를 몇 번 더해준 거지?

3 같은 수를 여러 번 더하는 덧셈식을 곱셈식으로 만들어 봅니다.

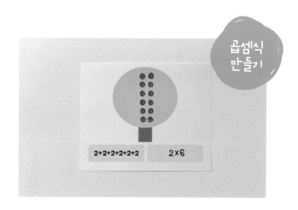

- 🟢 열매를 하나씩 세니까 시간이 많이 걸리네. 또 어떤 점이 불편하지?

- 🟢 같은 수가 여럿 묶여 있으면 곱셈을 하면 돼. 열매가 2개씩 여섯 묶음 있는 것은 2×6이라고 한단다.

이 놀이를 하고 난 다음에는 마트에 가서 대용량으로 파는 요구르트, 음료수 등을 보며 수 세기를 해봅니다. 물건의 수를 하나씩 세어보기도 하고, 같은 수가 반복되는 덧셈식으로 만들기, 묶어 세기, 곱셈 등을 해봅니다.

사랑을 가득 담아

하트 땅따먹기

하트 땅따먹기는 곱셈의 개념을 이해하고 연습하면서 하트가 그려진 땅을 따먹는 놀이입니다. 덧셈과 곱셈뿐만 아니라 넓이 개념까지 놀이로 익숙해질 수 있는 재미있는 활동이니 아이와 함께해보세요.

놀이 효과   곱셈의 개념 이해 / 규칙 이해 / 넓이 개념 이해 / 전략적 사고력 발달

 엄마 선생님 도움말

곱셈에는 다양한 곱셈 모델이 있으니 일상생활에서 여러 가지 곱셈 상황을 접하며 문제를 해결해보는 것이 좋습니다.

- 묶음 모델 : 6자루씩 묶인 연필 5묶음
- 배열 모델 : 4명씩 5줄로 서 있는 학생들의 수
- 넓이 모델 : 직사각형의 가로와 세로의 길이가 주어졌을 때 단위 넓이의 개수 구하기

사전 준비

1. 종이에 10X20로 칸을 그리거나 표를 그려 프린트한 뒤, 칸 안에 하트 약 10개를 무작위로 그려주세요.

2. 같은 수를 여러 번 더하는 덧셈 카드와 두 수의 곱셈 카드를 10장씩 만들어주세요.

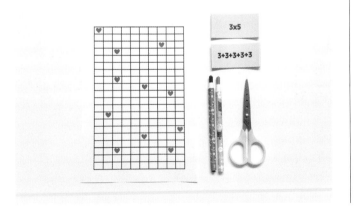

준비물 배열판, 덧셈 카드, 곱셈 카드, 가위, 펜, 색연필

1 덧셈 카드를 엎어두고 한 장씩 뽑아 나온 수만큼 땅을 색칠하면 땅 주인이 됩니다. 한 칸당 1점이지만 하트가 그려진 땅은 1점씩 더 받습니다. 마지막에 더 많은 점수를 얻은 사람이 이깁니다.

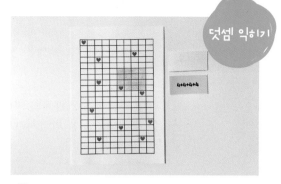

덧셈 익히기

- 4+4+4+4가 나왔네! 색연필로 땅을 색칠해보자.
- 하트가 있는 땅에 그리면 하트 점수를 얻을 수 있어.

⭐ 하트가 있는 땅을 색칠해야 점수를 더 많이 얻는다는 사실을 상기시켜주세요.

2 곱셈 카드를 엎어놓고 뽑아 나온 수만큼 땅을 색칠하며 땅따먹기를 합니다. 놀이를 하면서 곱셈식을 말로 설명하며 익히고 덧셈식과도 바꿔봅니다.

곱셈 익히기

- 4x3이 나왔네. 4x3은 네 칸씩 세 줄이야.
- 4x3을 덧셈식으로 표현해볼까?

3 각각 차지한 땅과 하트의 수를 세고, 누가 땅을 더 많이 따는지 확인합니다. 땅 한 칸은 1점, 하트 땅은 1점을 추가로 더합니다.

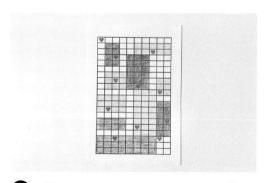

- 사랑이는 하트를 5개 땄고, 땅을 61개 땄으니 총 66점이구나.
- 아빠는 하트를 4개 땄고 땅을 70개 땄으니 74점이네.

⭐ 색칠한 땅을 하나씩 세어도 되지만, 각 땅의 점수를 더하며 두 자리 수의 덧셈을 연습해보세요.

종이 두 장에 칸을 각각 그린 뒤 붙이면 넓은 땅에서 놀이할 수 있습니다. 또한 이 활동 과정과 반대로 2x3, 4x3, 6x3 등 곱셈 칸을 그린 뒤, 6, 12, 18 등의 숫자 카드로 짝 찾기 놀이도 해보세요.

쏙쏙 꽂으며 놀자!

시리얼 나눠 가지기

알록달록 시리얼을 스파게티 면에 나누어 꽂는 놀이는 아이들에게 정말 반응이 좋아요. 놀이를 통해 소근육을 발달시키고 집중력을 기를 수 있으며, 나눗셈의 개념을 쉽게 이해할 수 있는 활동입니다.

놀이 효과   나눗셈 이해하기 / 연산능력 향상 / 소근육 발달

 엄마 선생님 도움말

나눗셈은 두 가지 상황이 있는데, 이 놀이는 첫 번째 상황이 담긴 활동입니다. 많은 아이들이 구구단으로 나눗셈 문제를 풀지만 실제로 나눗셈의 개념을 이해하지 못하는 경우가 많습니다. 다음과 같이 구체물을 똑같이 나눠 가지거나 나눠주는 활동을 하며 나눗셈의 개념을 정확히 이해할 수 있도록 해야 합니다.

• 상황 1 : 시리얼을 정해진 대상이 똑같이 나눠 갖는 것
• 상황 2 : 정해진 개수만큼 시리얼을 똑같이 나눠주는 것

사전 준비

1. 링 모양 시리얼을 그릇에 담아두세요.
2. 클레이 덩어리 6개를 동그랗게 뭉친 다음 각각에 긴 스파게티 면을 꽂아서 세워주세요.

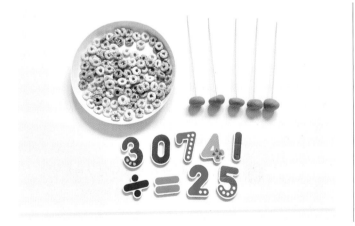

준비물 클레이, 스파게티 면, 링 모양 시리얼, 숫자 자석, 연산 자석(÷, =)

1 링 모양 시리얼 10개를 엄마와 아이가 번갈아 하나씩 가져가면서 똑같이 나누고 각각 몇 개씩 가졌는지 세어봅니다.

- 시리얼을 엄마 하나, 사랑이 하나씩 번갈아 가져가자.

- 시리얼 10개를 둘이서 나누니까 5개씩 가질 수 있네!

2 스파게티 면에 시리얼 10개를 똑같이 나누어 꽂습니다. 처음에는 하나씩 번갈아 꽂아보고, 다음에는 한쪽에 5개씩 나누어 꽂습니다.

- 시리얼 10개를 차례대로 하나씩 두 개의 스파게티 면에 나누어 꽂아보렴.

- 이렇게 10개를 두 묶음으로 똑같이 나눈 것을 10 나누기 2라고 한단다.

3 시리얼 수와 스파게티 면 수를 바꾸어 똑같이 나눠서 꽂아보고 나눗셈식으로도 표현해봅니다.

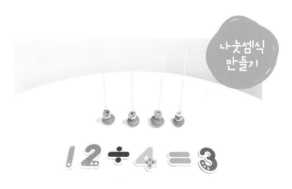

- 이번에는 시리얼 12개를 4개의 스파게티 면에 나눠서 끼워보자!

- 시리얼 12개를 4묶음으로 똑같이 나누면 몇 개씩 가질 수 있을까?

$$12 \div 4 = 3$$

⭐ 여러 수로 나누는 것에 익숙해지면 나눗셈식으로도 표현해봅니다.

스파게티 면 대신 달걀판이나 작은 접시 등에 과자나 젤리, 폼폼 등을 나누어 담으며 놀이를 할 수 있습니다. 예를 들어, 12÷2의 경우 젤리 12개를 달걀판의 2칸에 똑같이 나누어 담거나, 과자 12개를 2개의 접시에 나누어 담습니다.

나눗셈, 이제는 문제없어!

얼음틀 나눗셈 놀이

얼음틀 나눗셈 놀이는 시리얼 몇 개를 얼음틀 여러 칸에 똑같이 나눠 담아서 몇 묶음으로 나뉘는지를 알아보는 활동입니다. 아이들이 좋아하는 과자를 나눠 담고 사이좋게 나누어 먹으며 나눗셈의 원리도 익혀보세요.

놀이 효과　　나눗셈 이해하기 / 연산능력 향상 / 소근육 발달

 엄마 선생님 도움말

이번 활동은 앞에서 말한 나눗셈의 상황 중 '정해진 개수만큼 시리얼을 똑같이 나눠주는 상황'으로, 어떤 수(시리얼 10개) 안에 다른 수(시리얼 2개)가 몇 번 들어있는지 구하는 것으로 생각하면 더욱 쉽습니다. 뺄셈식으로 10-2-2-2-2-2=0과 같이 표현할 수도 있습니다. 여러 가지 수로 연습해보세요.

사전 준비

1. 얼음틀, 쿠키틀, 달걀판 등과 같이 같은 크기의 칸이 여러 개 있는 담을 것을 준비해주세요.

준비물 얼음틀, 시리얼(과자, 바둑알, 공깃돌 등), 접시, 숫자 자석, 연산 자석(÷, =)

1 시리얼 10개를 가지고 2개씩 묶으면 몇 묶음이 되는지 알아봅니다.

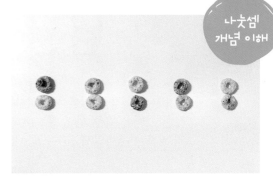

🔵 시리얼 10개를 2개씩 묶으면 몇 묶음이 될까?

🔵 10개 안에는 2개가 5번 들어가는구나.

⭐ 2개씩 5묶음으로 늘어놓으면 이해하기 쉽습니다.

2 시리얼 10개를 얼음틀에 2개씩 나누어보고, 숫자 자석으로 나눗셈식을 만들어보아요.

🔵 시리얼 10개를 얼음틀 한 칸에 두 개씩 놓아보자! 총 몇 칸에 나누어졌지?

🔵 시리얼 10개를 2개씩 나눈 것을 식으로 표현해보자.

3 시리얼을 여러 가지 숫자로 바꿔서 몇 개씩 몇 칸에 나눌 수 있는지 알아보고, 숫자 자석으로 나눗셈식을 만들어봅니다.

🔵 시리얼 12개를 가지고 얼음틀의 한 칸에 3개씩 넣어주면 몇 칸에 나누어질까?

🔵 총 4칸에 나누어졌구나. 12÷3=4라고 표현할 수 있겠네.

⭐ 나눠떨어질 수 있도록 시리얼의 수를 정해서 제시해주세요.

 놀이 후에는 나눗셈 카드를 보고 시리얼을 정렬하는 놀이도 해보세요. 15÷3의 경우 시리얼 15개를 3개씩 줄을 바꿔가며 정렬해주고 총 몇 줄이 되었는지 세어 몫을 구할 수 있습니다.

사이좋게 나눠 먹자!
냠냠 호떡 분수 놀이

1+2=3
수와 연산
★★★★★

분수는 아이들이 많이 어려워하는 부분이지만, 이렇게 호떡빵과 같은 구체물을 직접 나누는 경험을 자주 하면 분수의 개념을 쉽게 이해할 수 있어요. 호떡빵 한 봉지를 요리조리 자르며 재미있게 할 수 있는 분수 놀이를 함께해보세요!

놀이 효과 분수의 필요성 인식 / 분수의 개념 이해 / 분수의 크기 비교 / 사고력 발달

엄마 선생님 도움말

'분모의 크기가 클수록 분수의 크기가 작아진다.'라는 식의 암기로는 당장 단순한 분수 문제는 풀 수 있을지 몰라도 심화 문제를 해결하지 못하게 됩니다. ①번과 ②번 활동을 하며 호떡 조각을 직접 잘라보고 작은 조각부터 나열하는 활동을 직접 해보면 쉽고 정확하게 분수의 크기 비교를 이해할 수 있게 됩니다.

사전 준비

1. $\frac{1}{2}$, $\frac{1}{3}$, $\frac{1}{4}$, $\frac{1}{6}$ 을 적은 분수 카드를 준비합니다.

준비물 호떡빵 여러 개, 플라스틱 칼, 분수 카드

1

호떡 한 개를 똑같이 몇 개로 나누어 자른 뒤, 다양한 크기의 호떡 조각과 분수 카드를 짝지어봅니다.

분수의 개념

● 엄마랑 사이좋게 호떡을 똑같이 둘로 나누어 먹으려면 어떻게 잘라야 할까?

● 호떡 한 개를 똑같이 둘로 나눈 것 중의 한 조각을 이 카드처럼 '½'이라고 한단다.

● 플라스틱 칼이지만 사용에 주의해주세요.

2

호떡 조각의 크기를 비교하여 크기가 작은 순서대로 호떡을 늘어놓고 그에 맞는 분수 카드를 조각과 짝을 맞춰 놓습니다.

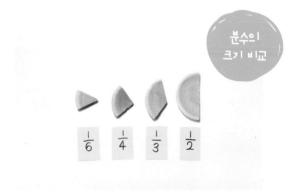

분수의 크기 비교

● 제일 큰 조각은 분수 이름이 뭘까?

● 숫자 6이 제일 크니까 ⅙이 가장 클 줄 알았는데 제일 작네. 왜 그럴까?

3

다양한 크기의 호떡 조각을 조합해서 호떡 한 개를 완성해봅니다. 예를 들어 호떡 ½조각 1개와 ¼조각 2개를 조합하여 호떡 한 개를 만듭니다.

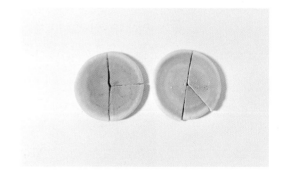

● 호떡 조각으로 다시 호떡 한 개를 만들어보자. ½짜리 1조각과 ¼짜리 2조각이면 되겠구나.

● ½조각과 ⅙조각을 합했구나. 또 어떤 조각이 필요할까?

자른 호떡 중 원하는 조각을 골라 분수로 이야기하고, 맛있게 먹어요.

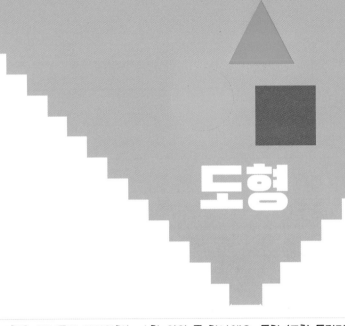

도형

도형은 아이들이 어려워하는 수학 영역 중 하나예요. 특히 '도형 돌리기'는 학부모님도 가르치기 어렵다고 호소하는 부분입니다. 학년이 올라갈수록 도형 내용 요소가 점점 복잡하고 어려워지므로 각 도형의 정의와 성질을 정확하게 알고 있어야 합니다. 그럼 어떻게 도형 공부를 하는 것이 좋을까요? 도형 영역은 문제를 많이 푸는 것보다 구체물을 가지고 조작활동을 많이 해보는 것이 훨씬 효과적입니다. 도형을 유심히 관찰하고, 만지고, 쌓는 등의 구체적인 경험을 바탕으로 각 도형의 정의 및 성질을 정확히 파악해야 합니다.

 ## 학교에서는 도형에 대해 어떤 내용을 공부할까요?

- 여러 가지 입체도형의 모양이나 평면도형의 모양을 파악해요.
- 점, 선, 면과 같은 도형의 구성요소를 알아봐요.
- 평면도형이나 입체도형의 개념과 성질을 파악해요.
- 평면도형의 밀기, 뒤집기, 돌리기 활동을 통하여 그 변화를 이해해요.

영역	핵심 개념	학년(군)별 내용 요소	
		1~2학년	3~4학년
도형	평면도형	• 평면도형의 모양 • 평면도형과 그 구성요소	• 도형의 기초 • 원의 구성요소 • 여러 가지 삼각형 • 여러 가지 사각형 • 다각형 • 평면도형의 이동
	입체도형	• 입체도형의 모양	

도형을 이루는 선을 알아요

점이 한 줄로 모여 만들어진 것이 선, 선이 여러 개 겹쳐지거나 선으로 둘러싸인 것이 면이에요. 선은 모양에 따라 여러 가지 이름이 있어요. 아래 제시한 여러 선의 종류를 보여주고 따라 그리게 하며 이야기해주세요. 정확한 이름을 외우지 못해도 괜찮아요. 선의 종류가 다양하다는 것만 알아도 충분합니다.

종류	이렇게 이야기해주세요
선분	"두 점을 곧게 이은 선이란다."
직선	"선분을 양쪽으로 끝없이 늘인 곧은 선이야."
반직선	"한 점에서 한쪽으로만 끝없이 늘인 곧은 선이야."
곡선	"구불구불 굽은 선을 말한단다."

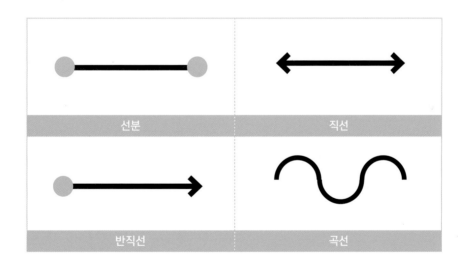

선분	직선

반직선	곡선

헷갈리는 개념 잡기!
선분과 직선, 무엇이 다를까요?

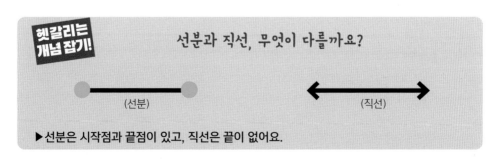

(선분)　　　(직선)

▶ 선분은 시작점과 끝점이 있고, 직선은 끝이 없어요.

평면도형의 이름을 알아요

평면도형 중에서 원만 곡선으로 이루어진 도형이고, 나머지는 선분으로 이루어진 도형이에요. 아이에게 원과 다른 도형들의 차이점에 대해 질문해보세요. 오각형과 육각형을 설명할 때는 도형의 이름을 먼저 알려주기보다 '삼각형'의 '삼'과 '사각형'의 첫 글자 '사'는 변과 꼭짓점의 '수'라는 사실을 통해 그 이름을 아이 스스로 추측할 수 있게 해주세요.

종류	이렇게 이야기해주세요
삼각형	"선(변)이 세 개이고, 꼭! 찌르는 꼭짓점도 세 개인 도형이야."
사각형	"네 개의 변과 네 개의 꼭짓점으로 이루어진 도형이야."
오각형	"다섯 개의 변과 다섯 개의 꼭짓점으로 이루어진 도형이야."
육각형	"여섯 개의 변과 여섯 개의 꼭짓점으로 이루어진 도형이야."
원	"굽은 선으로 이루어진 도형을 말해."

*꼭짓점 : 각을 이루는 변과 변이 만나는 점

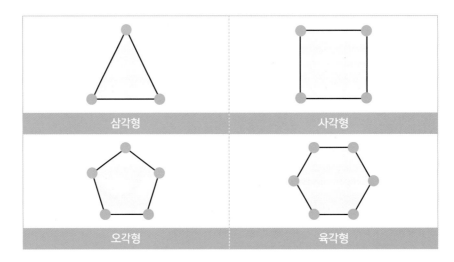

삼각형	사각형
오각형	육각형

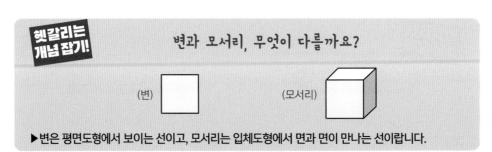

헷갈리는 개념 잡기!

변과 모서리, 무엇이 다를까요?

(변)   (모서리)

▶변은 평면도형에서 보이는 선이고, 모서리는 입체도형에서 면과 면이 만나는 선이랍니다.

입체도형의 이름을 알아요

입체도형이란 공간에서 일정한 크기를 차지하는 도형을 말해요. 입체도형에서 밑면(원기둥, 각기둥에서 평행한 두 면)은 도형의 이름을 지을 수 있는 면입니다. 아이와 함께 밑면의 모양을 살펴보고 "밑면의 모양이 사각형이니까 사각기둥이네." 등으로 각 도형의 이름을 알아갈 수 있게 해주세요. 또 주사위, 갑 티슈, 우유갑, 공 등 주변의 사물을 통해 다양한 입체도형을 탐색해보고, 평면도형과 입체도형을 분류하는 활동도 함께해보세요.

종류	이렇게 이야기해주세요
구	"공, 구슬 모양 두형이란다."
원기둥	"음료수 캔처럼 둥근 기둥이 원기둥이야."
삼각기둥	"위와 아래에 있는 면 모양이 각각 삼각형인 기둥이야."
사각기둥	"위와 아래에 있는 면 모양이 사각형인 기둥이니까 사각기둥이네."

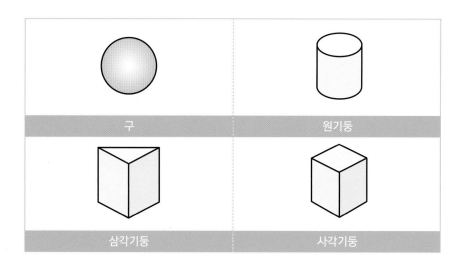

구	원기둥
삼각기둥	사각기둥

헷갈리는 개념 잡기!

구와 원기둥, 무엇이 다를까요?

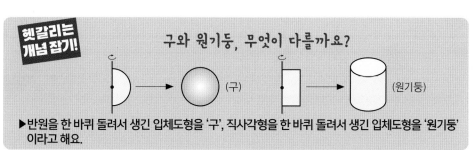

(구)   (원기둥)

▶ 반원을 한 바퀴 돌려서 생긴 입체도형을 '구', 직사각형을 한 바퀴 돌려서 생긴 입체도형을 '원기둥' 이라고 해요.

도형
★☆☆☆☆

징검다리를 건너봐!
도형 밟기 놀이

색종이로 만든 도형 징검다리를 신나게 밟으며 평면도형의 모양을 직관적으로 알 수 있는 활동이에요. 두 발로 뛰거나 한 발로 뛰는 등 다양한 방법으로 건너보고, 도형의 모양과 특징을 살펴보는 시간을 가져요.

놀이 효과　평면도형의 모양 알기 / 도형의 공통점과 차이점 인식 / 분류하기 / 관찰력 발달 / 대근육 발달

 엄마 선생님 도움말

도형의 이름을 듣고 아는 것보다 도형의 모양과 특징을 직관적으로 파악하고, 도형의 정의에 대해 아이 스스로 사고하게 하는 것이 중요합니다. 아이가 색종이 도형을 밟을 때 도형의 이름을 가르쳐주려고 노력하기보다는, 주변의 어떤 사물과 닮았는지 이야기하고 각 도형의 이름을 스스로 붙여보면서 그 특징을 인지할 수 있게 해주세요.

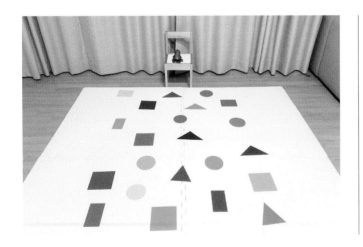

사전 준비

1. 색종이로 다양한 크기와 모양의 동그라미, 세모, 네모를 만들어서 바닥에 10~15cm 간격으로 붙여주세요.
2. 한쪽에 결승 의자를 놓고 마라카스나 종을 올려주세요.

준비물 색종이, 양면테이프, 의자, 종(또는 마라카스같이 소리 나는 악기)

1 다양한 도형을 탐색하고 같은 특징을 가진 모양끼리 분류한 뒤, 특징을 살려 나름의 이름을 지어봅니다.

💬 이 모양은 무엇과 닮았지? 서로 닮은 모양끼리 한번 모아볼까?

💬 반듯반듯해서 반듯이라는 이름이 참 잘 어울리는구나!

⭐ 도형을 분류한 뒤 주변에서 비슷한 모양의 사물도 함께 찾아봅니다.

2 결승 의자의 반대편에서 시작해서, 엄마가 도형의 이름을 부르면 그 도형과 같은 모양만 밟고 결승 의자까지 가서 종을 울립니다.

💬 동글이만 밟고 결승 의자까지 가보렴!

💬 뾰족이만 밟고 가야 하는데, 동글이나 반듯이를 밟으면 처음부터 다시 시작해야 해!

3 한 발로 뛰기, 빨간색 도형만 밟기 등 다양하게 응용해서 놀이를 해봅니다.

💬 한 발로 동글이만 밟고 가볼까?

💬 이번에는 모양과 상관없이 빨간색만 밟고 가보자!

'빨간 뾰족이', '노란 동글이' 등 엄마가 부르는 도형을 손으로 재빨리 짚어보거나 발로 밟는 놀이도 해봅니다.

도형

★☆☆☆☆

콕콕콕 찍으며 신나게 놀자!
휴지심 도장 찍기

휴지심 도장에 물감을 묻혀 찍고 놀며 도형의 모양을 인식하는 놀이입니다. 휴지심으로 동그라미, 세모, 네모 모양을 만들 수 있을 뿐만 아니라, 휴지심 밑동을 일정한 간격으로 잘라 꽃 모양도 만들 수 있어요. 다양한 모양으로 변형이 가능한 휴지심으로 도형을 익히며 즐겁게 놀아요.

놀이 효과	평면도형의 모양 파악 / 모양구성력 발달 / 창의력 발달 / 심미적 감성 발달 / 수학적 의사소통능력 발달

 엄마 선생님 도움말

이전 놀이에서 각 도형의 모양과 특징을 직관적으로 파악하는 활동을 했다면, 이번 활동에는 각 모양을 이용하여 작품을 만들며, 일상생활에서 다양한 평면도형이 이용되고 있음을 느끼는 기회를 제공합니다. 활동 시 아이가 원하는 모양을 자유롭게 만들 수 있게 해주고, 어떤 모양을 만들었고, 왜 그 모양을 만들었는지 등에 대해 설명할 수 있는 기회를 주세요.

사전 준비

1. 휴지심을 동그라미, 하트, 세모, 네모 모양 등으로 접어주세요.
2. 휴지심 끝을 세모, 네모 모양으로 잘라주세요.
3. 납작한 접시에 여러 가지 색 물감을 준비합니다.

준비물 물감, 접시, 휴지심, 도화지, 가위, 다양한 모양의 물건

1 휴지심 끝에 물감을 묻혀 도화지 위에 콕콕 찍습니다. 그런 다음 주변에서 비슷한 모양을 찾아봅니다.

● 동글동글 병뚜껑과 모양이 비슷하네!

● 휴지심을 찍으니 어떤 것과 모양이 비슷한 것 같니?

2 여러 가지 모양의 휴지심을 찍어 집, 기차, 꽃 등 다양한 모양을 만듭니다.

● 어떤 모양을 만든 건지 이야기해줄래?

● 동그라미와 네모 모양 휴지심을 여러 번 찍어서 기차를 만들고 있구나! 아이디어가 정말 멋진걸?

3 끝을 자른 휴지심에 물감을 묻혀 종이에 콕콕 찍습니다. 한 색깔에 묻혀서 찍기도 하고 여러 색깔 물감을 섞어서 찍어보세요.

● 세모가 반복되는 모양이네!

● 사랑이가 보기에 어떤 모양 같니?

 도화지 위에 엄마가 나무, 자전거 같은 밑그림을 그리고 아이는 휴지심 도장으로 열매, 풍선 등을 표현하여 합작품을 만들어봅니다.

어떤 도형이 위에 있을까?

도형 순서 찾기

이리저리 겹쳐진 색종이 도형을 보고, 도형이 겹쳐진 순서를 찾는 놀이를 해볼 거예요. 색종이 도형을 직접 조작하며 공간감각을 기르고, 순서를 찾는 과정에서 시행착오를 겪으며 수학적 사고력 및 문제해결력을 키울 수 있습니다.

놀이 효과　도형의 이름 알기 / 겹쳐진 도형의 순서 알기 / 관찰력 발달 / 공간지각력 발달 / 추론능력 발달

 엄마 선생님 도움말

이전에는 아이가 여러 가지 도형의 모양을 스스로 탐구하기 위해 도형의 이름을 지어봤다면, 이제는 도형을 조작하는 과정에서 효율적인 의사소통과 추론을 유도하기 위해 삼각형, 사각형과 같은 수학적 용어를 도입합니다. 활동 시 아이가 오답을 말할 때 "네모의 선이 숨어 있네?", "어떤 모양이 가장 많이 가려진 것 같지?" 등의 질문을 던져 스스로 생각할 수 있는 기회를 주세요.

사전 준비

1. 색종이를 잘라 직사각형, 정사각형, 삼각형, 원 등 다양한 도형을 만듭니다.
2. 색종이로 잘라 만든 도형 2개, 3개를 각각 다양한 순서로 겹친 뒤 풀로 붙여주세요.

준비물 색종이, 가위

1 색종이 도형을 자유롭게 탐색하고, 도형의 이름을 알아봅니다.

위에 도형의 이름 알아보기

- 반듯이는 둥글지 않고 튀어나온 부분이 4개 있어 사각형이라고 부른단다.

- 뾰족이는 튀어나온 것이 몇 개 있을까? 맞아. 모난 부분이 3개라서 삼각형이라고 불러.

- 둥근 모양 동글이는 뭐라고 부를까? 원이라고 부르지.

★ 삼각형, 사각형이라는 말을 어려워하면 세모, 네모라는 말을 알려주세요.

2 도형 2개가 겹쳐진 모양을 보고, 색종이 도형 2개를 골라 겹쳐서 똑같이 만듭니다.

- 삼각형과 원이 겹쳐 있네? 어느 모양이 위에 있는 것 같니?

- 삼각형 위에 원을 놓았구나.

3 이번에는 도형 3개가 겹쳐진 모양을 보고, 색종이 도형으로 똑같이 만들어봅니다.

- 여기에 어떤 모양이 숨어 있는지 찾아볼까?

- 제일 아래에는 뾰족한 부분이 3개나 튀어나와 있네. 맨 아래에 숨어 있는 모양은 무엇일까?

색종이 도형 2~3개가 겹쳐진 모양을 보고 그대로 그려보고, 각 도형을 따로따로 하나씩 그려봅니다.

도형

★★☆☆☆

찍고 채우고 던지고
과자로 점·선·면 놀이

아이가 즐겨 먹는 과자를 이용해서 도형의 기본 요소인 점, 선, 면을 익히는 놀이를 해봅니다. 친숙한 재료로 신나게 놀면서 다양한 모양을 표현하고 도형의 기본 요소를 이해하는 시간을 가져보세요.

놀이 효과　도형의 기본 요소 이해 / 소근육 발달 / 공간감각 발달

 엄마 선생님 도움말

점이 한 줄로 모여 만들어진 것이 선이에요. 그리고 도형을 이루는 각 선분을 '변'이라고 하며, 선분으로 둘러싸인 내부를 '면'이라고 합니다. '선분'이라는 용어를 설명하기보다 아이가 두 점을 이어 선을 그었을 때 "선분을 그었네." 하고 자연스럽게 말해주고 뜻을 스스로 유추할 수 있게 해주세요.

준비물 과자, 그릇, 펜, 도화지, 자

사전 준비

1. 그릇에 크기가 작은 과자를 담아주세요.
2. 아이가 선을 그을 수 있는 작은 자를 준비해주세요.

1 종이 위에 과자를 여러 개 던진 뒤 과자가 떨어진 자리에 점을 찍고, 점과 점을 이어 선분을 그려봅니다.

● 점과 점을 이어서 반듯하게 그렸더니 곧은 선이 생겼구나!

● 이렇게 끝이 있는 선을 보고 선분이라고 하고, 이것을 양쪽으로 끝없이 늘이면 직선이 돼.

2 과자 3~5개를 도화지 위에 던진 뒤, 과자가 떨어진 위치에 점을 찍고 그 점들을 이어 도형을 그려봅니다.

● 세 점을 이어 그리니까 세모가 나왔네! 세모에게는 점이 세 개 있구나.

● 선분끼리 만나는 점이 꼭 찌르는 것처럼 생겼지? 그래서 꼭짓점이라고 불러.

★ 변, 삼각형 등의 용어를 어려워하면 선, 세모 등으로 알려주세요.

3 ②에서 그린 도형에 과자를 올려 도형의 면을 채웁니다.

● 과자로 세모를 채웠구나! 이렇게 선으로 둘러싸인 모양을 채운 것을 면이라고 한단다.

도화지에 점을 여러 개 찍은 뒤 점과 점을 이어서 도형을 만드는 땅따먹기 놀이도 해보세요.
먼저 도형을 완성한 사람이 도형 안에 ★을 그리고 ★의 개수가 많은 사람이 이기는 놀이입니다.

도형
★★☆☆☆

같은 색깔을 찾아라!
막대 도형 만들기

아이스크림 막대로도 다양한 도형 놀이를 할 수 있습니다. 여러 가지 재료를 활용해 점과 점을 막대로 이으면 선분이 되고, 선분을 이으면 도형이 된다는 사실을 자연스럽게 깨우칠 수 있습니다. 알록달록 막대를 보며 짝 맞추기 놀이를 하고, 도형도 만들며 즐겁게 놀아보세요.

놀이 효과   평면도형 알기 / 평면도형의 성질 알기 / 시지각능력 발달 / 소근육 발달 / 집중력 발달

 엄마 선생님 도움말

초등학교 1·2학년군에서는 삼각형과 사각형에서 찾은 특징을 일반화하여 오각형과 육각형의 의미를 추론합니다. 아이가 만약 오각형의 이름에 관해 묻는다면 각에 관한 자세한 설명보다는 "선이 다섯 개니까 오각형이라고 해." 또는 비슷한 모양끼리 서로 분류하고 그 공통적인 모양을 보고 "이렇게 생긴 모양을 보고 오각형이라고 해." 등으로 쉽게 설명해주세요.

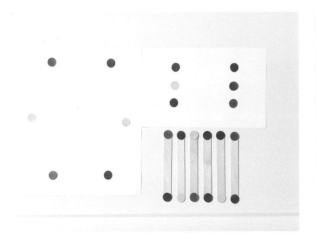

사전 준비

1. 종이 위에 선분, 삼각형, 사각형, 오각형 등의 꼭짓점을 스티커로 붙여주세요. 간격은 아이스크림 막대 길이로 합니다.

2. 스티커를 연결하여 도형을 완성할 수 있도록 아이스크림 막대 양 끝에 두 가지 색의 스티커를 붙여주세요.

준비물 아이스크림 막대 여러 개, 색 동그라미 스티커, 종이

1 종이에 붙은 두 스티커와 같은 색 스티커가 붙은 막대를 찾아 그 위에 올려 선분을 완성합니다.

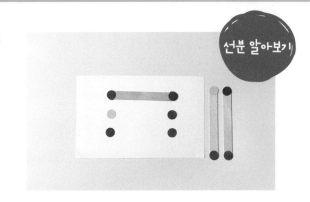

선분 알아보기

💬 점과 점을 막대로 이었더니 선이 생겼네!

💬 두 점을 곧게 이은 선을 보고 선분이라고 한단다.

2 도형의 꼭짓점에 붙인 스티커를 같은 색 스티커가 붙은 막대로 이어서 도형을 완성합니다.

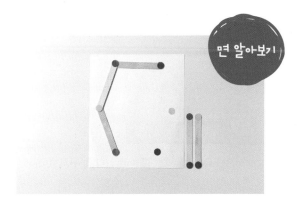

면 알아보기

💬 같은 색 점끼리 찾아서 점을 이어보자.

💬 이렇게 선으로 둘러싸인 것을 면이라고 해.

💬 도형을 이루는 선을 변이라고 해.

3 만든 도형을 살펴보고, 여러 가지 도형과 도형의 특징에 대해 이야기를 나눕니다.

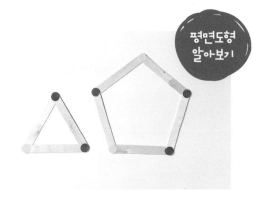

평면도형 알아보기

💬 변이 세 개이고, 꼭짓점이 세 개인 도형을 삼각형이라고 해.

💬 이 보석 모양 도형은 선이 몇 개 있지?

💬 변과 꼭짓점이 다섯 개 있는 도형을 오각형이라고 한단다.

⭐ 변, 삼각형 등의 용어를 어려워하면 선, 세모 등으로 알려주세요.

점 없이 아이스크림 막대만으로 여러 가지 도형을 만들어봅니다. 지금까지 접해본 도형보다 변이 더 많은 칠각형, 팔각형 등을 만들어보면서 이름 맞히기를 해보세요. 평면도형의 기본 성질을 이해할 수 있습니다.

예쁘게 그리며 놀아요

밀가루 도형 놀이

아이들이 좋아하는 밀가루 놀이를 하며 도형을 직접 그려보는 놀이입니다. 부드러운 밀가루에 도형을 그리는 놀이를 하다보면 연필을 잡을 때 사용하는 소근육의 힘을 기를 수 있어 쓰기 능력이 발달하고, 도형의 모양을 인식하고 특징을 잘 이해할 수 있게 됩니다.

놀이 효과 평면도형 그리기 / 평면도형의 모양 파악 / 사고력 발달 / 눈과 손의 협응력 발달 / 관찰력 발달

 엄마 선생님 도움말

초등학교 교육과정 성취기준 중에 '삼각형, 사각형, 원을 직관적으로 이해하고, 그 모양을 그릴 수 있다.'가 있습니다. 도형을 직접 그려보면 도형을 인식하여 그 특징을 이해하는 데 도움이 되기 때문에 한 도형을 공부할 때마다 도형을 그리는 활동을 꼭 하지요. 아이가 도형을 반듯하게 그리지 않아도 도형을 인식하는 데 도움이 되니 노력하는 모습 자체를 많이 칭찬해주세요.

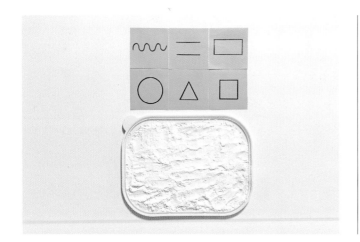

준비물 밀가루, 쟁반, 도형 그림

사전 준비

1. 종이를 작게 자르고 직선, 곡선 등 여러 가지 선과 동그라미, 세모, 네모, 오각형 등의 도형을 그려주세요.
2. 넓은 쟁반에 밀가루를 평평하게 펼쳐주세요.

1 종이에 그려놓은 선분과 도형을 보고 어떤 것들이 있는지 살펴봅니다.

● 뾰족뾰족 세모와 구불구불 굽은 선(곡선)이 있네.

● 또 어떤 모양이 있지?

2 선분이나 도형 그림을 보면서 밀가루 위에 손가락으로 그대로 따라 그려봅니다.

● 구불구불한 선을 그렸구나!

● 동그라미를 예쁘게 잘 그렸네. 무엇을 닮은 것 같지?

3 다양한 선분과 도형을 조합하여 여러 가지 모양을 밀가루 위에 그려봅니다.

● 동그라미와 세모 두 개로 고양이 얼굴을 그렸구나.

● 네모와 구불구불한 선으로 어떤 모양을 만들 수 있을까?

밀가루 쟁반으로 도형뿐만 아니라 숫자 공부를 할 수도 있어요. 밀가루 위에 숫자를 적어보고, 그 수만큼 집게손가락으로 동그라미를 콕콕 찍어보는 거예요.

원하는 대로 만들어봐!

스티로폼 지오보드

지오보드는 도형의 개념과 원리를 파악할 수 있도록 도와주는 유익한 교구예요. 보통 지오보드 판을 구매하지만 따로 교구를 사지 않아도 스티로폼 상자만 있으면 집에서 지오보드를 손쉽게 만들 수 있답니다.

놀이 효과   평면도형 모양 만들기 / 평면도형의 이동 이해 / 공간감각 발달 / 유창성 발달

 엄마 선생님 도움말

지오보드 위에 삼각형, 사각형 등 평면도형의 모양을 만들고 꾸미면 됩니다. 주제는 아이들에게 친근한 소재인 동물, 탈것, 건물, 캐릭터 등으로 다양하게 제시하는 것이 좋습니다. 지오보드 위에 만든 도형을 이동시킬 때에는 압정을 한 점이라 생각하고 압정 위에 걸린 고무줄을 하나씩 잡아서 각각 다른 압정에 걸도록 도와주세요.

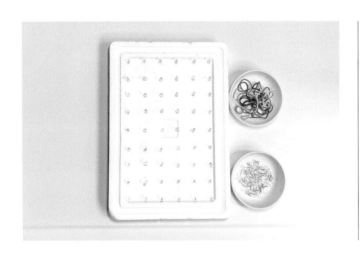

준비물 스티로폼(택배 상자 뚜껑), 압정, 여러 색의 고무줄

사전 준비

1. 스티로폼에 압정을 가로세로 일정한 간격(2~3cm)으로 줄을 맞춰 꽂아주세요.

1 압정에 고무줄을 걸어 삼각형, 사각형, 오각형 등의 다양한 평면도형을 만들어봅니다.

도형 만들기

● 세모를 만들려면 압정이 몇 개 필요할까?

● 길쭉한 네모와 세모를 만들었구나.

2 도형을 위, 아래, 옆 등의 방향으로 몇 칸씩 이동해보거나 똑같이 만들어봅니다. 압정을 한 점이라고 생각하고 각각 한 점에서 몇 칸씩 이동시키는 것입니다.

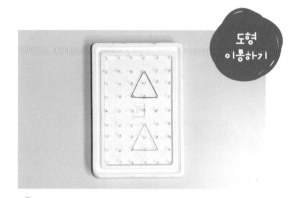

도형 이동하기

● 사랑이가 만든 세모를 아래로 4칸 이동시켜보자.

● 3개의 압정에서 각각 아래로 4칸씩 이동하면 된단다.

⭐ 압정이 빠져서 찔리지 않도록 주의합니다.

3 지오보드 위에 내가 만들고 싶은 도형을 자유롭게 만들어봅니다.

● 세모 2개를 붙여서 나비 모양을 만들었네!

● 세모와 네모를 이어서 집 모양을 만들었구나. 다양한 도형이 서로 만나 멋진 모양이 되었어!

지오보드 대신 종이에 일정한 간격으로 점을 찍은 뒤, 점을 이어 도형을 그려보거나 새로운 모양을 그리는 활동을 할 수 있습니다.

도형
★★★☆☆

숨은 도형을 찾아봐!

지하철 노선도 놀이

지하철 노선도에 여러 가지 도형과 동물이 숨어 있다는 사실을 아시나요? 노선도 안에 숨은 도형과 동물을 찾으며 즐거움을 느끼고, 도형과 친해질 수 있는 유익한 놀이를 해봅니다. 이러한 놀이를 통해 공간감각과 관찰력을 기를 수 있습니다.

놀이 효과   점과 선분 알기 / 도형 그리기 / 시지각능력 발달 / 관찰력 발달 / 공간감각 발달

 엄마 선생님 도움말

지하철 노선도 놀이는 지난 놀이들을 통해 알게 된 도형의 모양, 도형의 기본 요소 등을 적용할 수 있는 활동입니다. 놀이를 할 때는 "어떻게 세모를 찾았니?", "어떤 점과 선을 연결해서 고래 모양을 찾을 수 있었는지 엄마에게 이야기해줄래?"와 같은 질문을 통해 자신의 수학적 아이디어와 활동의 결과를 말로 표현할 수 있는 기회를 되도록 많이 제공해주세요.

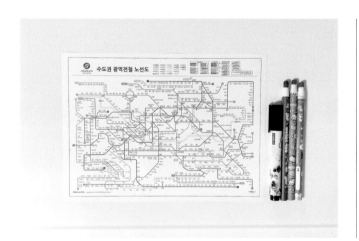

 **사전 준비**

1. 지하철 노선도를 흑백으로 프린트해요.
공공누리 자료에서 지하철 노선도를
내려받을 수 있습니다.
(www.seoulmetro.co.kr/download/
map_korea.zip)

준비물 지하철 노선도, 펜, 색연필

1 지하철 노선도의 역들을 점으로 생각하고, 역에 점을 찍은 뒤 곧은 선과 꺾은 선으로 연결해봅니다.

🔵 지하철이 멈춰서는 역에 점을 찍어볼까?

🔵 점과 점을 이어 곧은 선분을 그려볼까?

선분 그리기

🔵 지하철이 없는 지역에 살거나 지하철을 타본 경험이 없다면 지하철 노선도에 대해 설명해주세요.

2 지하철 노선도를 살펴보면서 선과 점을 연결해서 숨은 도형을 찾고, 선을 따라 그리고 색칠해봅니다.

🔵 이 점에서 이 점으로 지하철이 이동해.

🔵 역 3개에 삼각형이 숨어 있었구나!

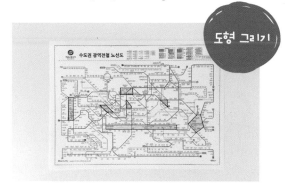

도형 그리기

3 노선도 속에 숨은 동물을 찾아 선으로 연결하고 색칠해봅니다.

🔵 엄마는 달팽이를 찾았단다.

🔵 우와, 고래를 찾았구나! 어떤 선을 연결해서 고래를 찾았는지 이야기해 줄래?

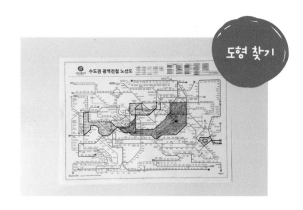

도형 찾기

8세 이상 아동의 경우, 몇몇 역의 이름을 수정액으로 지운 뒤, 노선도를 보며 지하철역 이름을 찾아 적는 놀이도 해봅니다. "서울역 옆의 역 이름이 지워졌네? 어떤 역일지 노선도에서 한번 찾아볼까?"

도형
★☆☆☆☆

오늘은 쌓고 넘어뜨리며 놀자!

두루마리 휴지 놀이

입체도형은 주변 구체물을 통해 이해하는 것이 가장 좋습니다. 원기둥 모양은 주변의 음료수 캔, 두루마리 휴지 등에서 쉽게 찾을 수 있습니다. 다양한 원기둥 모양을 찾으며 관찰 및 탐구 능력을 기르고, 두루마리 휴지를 쌓고 무너뜨리며 입체도형 놀이를 해보세요.

놀이 효과   원기둥 모양 알기 / 원기둥 성질 알기 / 공간감각 발달 / 대근육 발달 / 탐구능력 배양

 엄마 선생님 도움말

초등학교 교육과정에서는 원기둥의 구성요소, 원기둥과 원기둥이 아닌 것 분류하기, 원기둥의 전개도 등의 내용을 학습합니다. 이때 아이들은 원기둥의 아래에 있는 면을 밑면, 위에 있는 면을 윗면이라고 잘못 생각하거나 원기둥의 전개도를 나타내는 것을 어려워하기도 합니다. 지금부터 주변에 있는 사물을 통해 원기둥을 충분히 관찰하고, 굴리고 쌓고 무너뜨리는 등 스스로 탐구할 수 있는 기회를 충분히 제공해주세요.

사전 준비

1. 두루마리 휴지, 과자, 음료수 캔, 소스통 등 다양한 원기둥 모양 물건을 준비해주세요.
2. 두루마리 휴지는 큰 원기둥에서 작은 원기둥을 뺀 모양이니, 미리 위아래 구멍을 종이로 막아두면 좋습니다.

준비물 두루마리 휴지, 원기둥 모양 물건(소스통, 과자, 캔 등)

1 두루마리 휴지를 다양한 방법으로 탐색하고, 비슷한 모양의 물건을 집 안에서 찾아봅니다. 또한 공과 비교해서 비슷한 점과 차이점을 찾아봅니다.

원기둥 모양 알기

- 휴지를 위와 아래에서 보면 모두 동그라미 모양이지? 두 동그라미의 크기가 같아.

- 휴지와 비슷한 모양으로 음료수 캔, 소스통 등을 찾았구나.

- 공 모양과 어떤 게 같고 어떤 게 다를까?

2 두루마리 휴지로 탑을 쌓고, 공을 던져 탑을 무너뜨리는 놀이를 해봅니다.

원기둥 성질 알기

- 휴지를 누가누가 높이 쌓을까?

- 휴지는 위와 아래가 평평해서 물건을 쌓기가 쉬워.

⭐ 높이 쌓은 휴지 위에 올라가지 않도록 주의합니다.

3 두루마리 휴지를 다양한 방향으로 굴려보고 어느 방향으로 구르는지 관찰해봅니다. 또 휴지 끝을 잡고 바닥에 굴려서 휴지 길이를 서로 비교하고, 풀어진 휴지를 몸에 칭칭 감아도 봅니다.

원기둥 성질 알기

- 휴지는 공과는 다르게 이렇게 양쪽으로만 구르고, 평평한 쪽으로는 굴러가지 않네.

- 누가 굴린 휴지가 가장 길까?

 눈을 감고 촉각을 이용해서 원기둥을 찾거나, 상자 속에 손을 넣어 원기둥 모양 물건을 만지며 그 느낌을 설명하는 놀이도 함께해보세요.

무엇이든 만들어봐!

과자 도형 만들기

아이들이 좋아하는 과자에 이쑤시개를 쏙쏙 끼워서 연결하면 쉽게 평면도형과 입체도형 모양을 만들 수 있답니다. 다양한 작품을 만들면서 도형에 관한 수학 공부는 물론이고 공간감각과 창의성도 함께 발달할 수 있는 활동입니다.

놀이 효과   입체도형 개념과 성질 이해 / 공간감각 발달 / 소근육 발달

 엄마 선생님 도움말

유아기에는 동그라미 모양과 둥근 기둥 모양과 같은 평면도형과 입체도형을 구별하고 이들의 공통점과 차이점을 인지하기 시작합니다. 평면도형과 입체도형을 만든 뒤에 두 도형을 비교·관찰하여 공통점과 차이점에 대해 충분히 생각하고 이야기할 수 있게 해주세요. 입체도형의 경우 바라본 방향마다의 모양을 알면 훗날 공부하는 입체도형의 전개도 및 넓이 구하기 등에 도움이 됩니다.

사전 준비

1. 이쑤시개를 쉽게 꽂을 수 있는 부드러운 과자를 준비합니다. 마시멜로나 동그랗게 뭉친 클레이도 좋습니다.
2. 이쑤시개는 위험할 수 있으니 끝을 조금씩 잘라주세요.

준비물 이쑤시개, 공 모양 과자(또는 마시멜로, 동그랗게 뭉친 클레이)

1 이쑤시개를 과자에 꽂아 연결해서 삼각형, 사각형, 오각형 등의 평면도형을 만듭니다.

💬 세모를 만들려면 과자 몇 개가 필요하지? (꼭짓점의 수)

💬 네모를 만들려면 이쑤시개 몇 개가 필요하지? (변의 수)

평면도형 만들기

🔴 이쑤시개로 장난을 치거나 이쑤시개를 들고 휘두르지 않도록 주의합니다.

2 과자에 이쑤시개를 여러 방향으로 꽂아 입체도형을 만들고, 평면도형과 함께 관찰하며 공통점과 차이점을 찾습니다.

💬 네모는 납작하고, 상자 모양은 바라보는 방향에 따라 모양이 달라.

💬 네가 만든 모양에 과자와 이쑤시개 몇 개를 사용했는지 세어볼까? (꼭짓점의 수, 모서리의 수)

평면도형과 입체도형

3 입체도형을 여러 개 연결해서 집, 놀이터 등 나만의 구조물을 만들어봅니다.

💬 정말 멋진 우주선을 만들었네!

💬 이 집은 어떤 모양을 연결해서 만든 거야?

삼각기둥, 사각기둥 등의 입체도형과 같은 모양을 주변에서 찾은 뒤 각각 위, 앞, 옆에서 바라본 모습을 도화지에 그려보는 활동으로 확장할 수 있습니다. 전개도를 익히는데 도움이 됩니다.

오늘은 사과 데이!

사과로 입체 퍼즐

새콤달콤 맛있는 사과로 구 모양 입체 퍼즐 놀이도 하고, 여러 가지 모양으로 잘라 모양 찍기 놀이도 해봐요. 거창한 교구가 아닌데도 아이들이 정말 즐거워하고, 구의 성질도 자연스럽게 파악할 수 있어요. 사과 외에 귤, 배 등 다른 과일을 함께 준비하면 더 좋아요.

놀이 효과   구의 모양 알기 / 구의 성질 이해 / 공간감각 발달 / 소근육 발달

 엄마 선생님 도움말

구는 어느 방향에서 보아도 모양이 같고, 어느 방향에서 어떤 각도로 잘라도 잘린 면은 항상 원이 됩니다. 사과, 배 등 구 모양 과일을 다양한 방향과 각도로 잘라보고 관찰할 수 있게 해주시고, 플라스틱 칼로 스스로 잘라보게 해주세요. 완벽한 구 모양은 아니어도 구의 성질을 이해하기에 충분하답니다.

준비물 구 모양 과일, 칼, 플라스틱 칼, 물감, 접시, 도화지

사전 준비

1. 사과, 배, 귤 등 여러 가지 둥근 과일을 준비해주세요.
2. 물감을 납작한 접시에 짜주세요.

1

눈을 감고 준비한 과일의 냄새를 맡고 손으로 만지며 각각의 이름을 맞추어본 다음, 눈을 뜨고 과일이 어떤 모양과 닮았는지 이야기해봅니다. 또 다양한 방향에서 관찰하고 굴려봅니다.

구 탐색하기

💬 사과는 어떤 모양 같아? 맞아, 공처럼 동글동글해.

💬 어느 방향으로 굴려도 잘 굴러가네!

2

사과를 다양한 방향과 각도로 잘라서 자른 조각의 단면을 관찰합니다. 자른 사과 조각들을 다시 붙여 구 모양으로 만들어봅니다.

구의 성질 알기

💬 공 모양 과일은 어느 방향에서 잘라도 전부 동그라미 모양이란다.

💬 반달 모양 사과를 이어붙이니 다시 공 모양이 되었구나.

💬 이쪽저쪽 봐도 동그라미 모양으로 보이네!

3

다양한 모양으로 자른 사과에 물감을 묻혀 도장을 찍고, 여러 가지 모양을 만들어봅니다.

💬 반달 모양이 찍혔네.

💬 사과를 가로로 반 잘라서 찍으니 동그라미 모양이 나오는구나!

⭐ 사과 조각에 손잡이를 만들어주면 더 쉽게 찍을 수 있어요.

 공, 사과 등 구 모양 물건과 통조림, 과자통 등 원기둥 모양 물건을 섞어두고 구와 원기둥으로 분류하는 활동을 해보세요.

내가 만들어서 더 재밌는

재활용 칠교놀이

칠교놀이는 7개의 도형 조각으로 다양한 모양을 만들며 도형을 이해하고 창의력을 기를 수 있는 활동입니다. 여러 모양을 만들면서 성취감을 느낄 수 있는 놀이이기도 합니다. 처음에는 모양이 7조각으로 분할된 도안을 그대로 맞추는 활동에서 시작해서 마지막에는 외곽선만 있는 도안을 보고 맞추기에 도전해보세요.

놀이 효과 도형의 면적·길이 파악 / 도형의 뒤집기 및 돌리기 이해 / 공간감각 발달 / 창의력 발달 / 소근육 발달

 엄마 선생님 도움말

칠교판은 단순한 구성처럼 보이지만 도형의 특성, 넓이와 비례 및 회전을 생각해서 조합해야 하므로 수학적 사고력을 계발할 수 있는 좋은 교구입니다. 4학년 때 학습하는 평면도형 뒤집고 돌리기는 많은 아이들이 어려워하는데 평소 이 칠교놀이를 자주 하면 방향에 따른 도형의 변화를 추론하고 비교하는 능력이 자연스럽게 생겨 큰 도움이 됩니다.

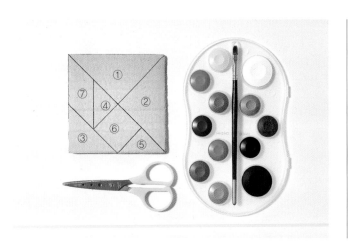

준비물 두꺼운 종이, 가위, 자, 펜, 물감, 붓

사전 준비

1. 두꺼운 종이를 정사각형(15×15cm)으로 자른 다음, 사진과 같이 7조각으로 선을 긋고 잘라주세요.

칠교놀이 도형 구성

• 큰 직각이등변삼각형(①, ②): 길이가 같은 두 변 사이의 각이 90도인 삼각형
• 중간 직각이등변삼각형(③)
• 작은 직각이등변삼각형(④, ⑤)
• 정사각형(⑥) : 네 변의 길이가 모두 같고, 네 각이 모두 직각인 사각형
• 평행사변형(⑦) : 마주 보는 두 쌍의 대변이 각각 평행한 사각형

1 어떤 도형 조각이 있는지 종류와 수를 관찰하며 탐색하고, 각 도형 조각을 다른 색으로 칠합니다.

💬 도형 조각이 모두 몇 개 있는지 세어볼까?

💬 네모가 2개 있네. 세모는 몇 개일까?

⭐ 7조각을 모두 다른 색으로 색칠할 수 있도록 도와주세요.

2 2~3개의 도형 조각으로 다양한 모양을 자유롭게 만들고, 어떤 모양을 사용했는지도 이야기해봅니다.

💬 삼각형과 사각형으로 집을 만들었네!

💬 삼각형으로 배의 돛을 만들었구나. 삼각형을 오른쪽으로 반 바퀴 돌리면 더 자연스러울 것 같아.

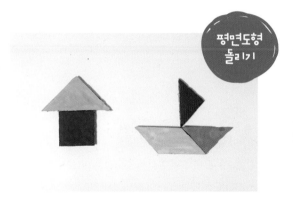

평면도형 돌리기

3 단계별 도안을 보고, 도형 조각들로 다양한 모양을 만들어봅니다.

1단계 : 7조각으로 분할된 도안 보고 만들기

2단계 : 일부만 분할된 도안 보고 만들기

3단계 : 분할되지 않은 도안 보고 만들기

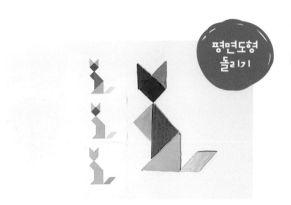

평면도형 돌리기

아이들은 재료가 달라지면 새로운 놀이를 하듯 흥미를 느낍니다. 색종이, 김, 식빵 등 다양한 재료를 가지고 칠교놀이를 해보세요.

쏙 잡아당겨 봐!

실 데칼코마니

실생활에서 대칭의 예시를 찾아보면 대칭을 더 잘 이해할 수 있고, 수학의 유용성을 느껴 학습에 더욱 흥미를 갖게 됩니다. 실로 데칼코마니 놀이를 하며 대칭의 원리를 알아보세요. 데칼코마니는 아이들이 특히 좋아하는 놀이여서 즐거운 시간을 보낼 수 있습니다.

놀이 효과　　대칭과 합동의 개념 알기 / 대칭의 예 찾기 / 관찰력 발달 / 수학의 유용성 깨닫기

 엄마 선생님 도움말

동그라미, 나비 등의 간단한 모양뿐만 아니라 복잡한 형태의 대칭 모양을 경험할 수 있는 활동으로, 대칭을 손놀림과 눈으로 받아들일 수 있습니다. 이 놀이에서 경험하는 선대칭은 직선을 중심으로 완전히 겹쳐지는 것이며, 표지판, 나뭇잎 등 주변에서 쉽게 찾아볼 수 있습니다. 대칭은 감각 및 직관으로 이해하는 부분이 큰 개념이니 어렸을 때부터 경험의 폭을 넓고 다양하게 만들어주세요.

사전 준비

1. 물감 여러 색을 접시에 각각 짜두세요.
2. 나비나 하트 등 대칭으로 만들 수 있는 그림 도안을 미리 준비해도 좋습니다.

준비물 실(털실, 지끈 등), 도화지, 물감, 물감 접시, 가위

1 도화지를 반으로 접은 뒤 접은 선을 중심으로 원하는 모양으로 잘라 펼치면 대칭 모양이 나타납니다. 이렇게 대칭 개념을 익히고, 주변에서 대칭인 사물을 찾아봅니다.

🔵 도화지를 반 접어서 자른 다음 펼치면 어떤 모양이 나올까?

🔵 사랑이가 만든 나비를 다시 반으로 접으면 서로 똑같이 포개어져. 이런 걸 대칭이라고 해.

2 붓으로 실에 여러 색깔의 물감을 바른 뒤, 자른 종이의 한쪽 면에 올리고 다시 종이를 반으로 접어 손으로 꾹꾹 눌러줍니다.

🔵 다른 색을 칠한 실을 넓게 펴서 넣어보자.

🔵 나비를 펼치면 어떤 모양이 나올 것 같니?

⭐ 실의 끝부분을 도화지 밖으로 조금 빼주세요.

3 한 손은 종이를 잡고 한 손으로는 실 끝을 잡은 뒤, 실을 한 번에 빠르게 잡아당깁니다. 그리고 종이를 펼쳐 양쪽 대칭 무늬를 관찰해봅니다.

🔵 나비 날개에 대칭으로 멋진 무늬가 생겼네!

🔵 무늬들이 서로 마주 보고 있는 것 같아.

 데칼코마니 기법으로 아이가 만든 나비, 하트 등의 모양들을 큰 도화지에 붙이면 멋진 작품이 됩니다. 집 안에 전시한 뒤 작품을 보며 대칭에 대해 자주 이야기를 나누세요. 또 일상생활에서 자신이 만든 작품을 떠올리며 대칭의 예를 찾아보는 활동도 함께해보세요.

오늘은 나뭇잎으로 신나게 놀자!

나뭇잎 대칭 놀이

나뭇잎은 대칭의 예시를 볼 수 있는 좋은 수학 교구예요. 여러 가지 모양의 나뭇잎을 직접 주워서 대칭축을 찾아 가위로 자르고, 잘라낸 반쪽을 그리고 색칠하여 나뭇잎이 다시 대칭이 되도록 해보세요. 대칭의 개념 및 원리를 이해할 수 있을 뿐만 아니라 시각적인 즐거움과 심리적인 안정감을 느낄 수 있습니다.

놀이 효과   대칭의 개념 알기 / 대칭 도형 그리기 / 관찰력 발달 / 추론능력 발달 / 수학적 의사소통능력 발달

 엄마 선생님 도움말

어릴 때부터 일상생활에서 도형의 대칭을 접하면 기본 학습 요소 및 공간 감각이 잘 형성되어 보다 쉽게 대칭을 이해할 수 있습니다. 나뭇잎을 그릴 때는 대칭이 되도록 그리는 방법을 스스로 생각해보게 하고, 효율적이라고 생각하는 방법에 대해 이야기하도록 도와주세요.

사전 준비

1. 아이와 함께 밖으로 나가 여러 가지 나뭇잎을 주워 옵니다. 집게나 장갑을 챙겨가면 좋아요.
2. 모눈종이가 없다면 1X1cm 너비의 칸을 도화지에 직접 그려서 준비합니다.

준비물 나뭇잎, 가위, 색연필, 도화지 또는 모눈종이

1 나뭇잎의 대칭축을 찾아 반으로 접어보고, 가위로 잘라봅니다.

- 나뭇잎을 반으로 접어보자. 양쪽이 서로 포개어지네! 나뭇잎 중간에 있는 선을 중심으로 모양과 크기가 같아.

- 나뭇잎의 가운데 선을 중심으로 나뭇잎을 반으로 잘라보자!

2 반으로 자른 나뭇잎을 뒤섞은 다음, 나뭇잎 퍼즐 맞추기 놀이를 해봅니다.

- 나뭇잎들이 짝을 잃어버렸네. 나뭇잎의 짝을 찾아서 맞춰보자.

- 연두색이면서 길쭉한 나뭇잎을 찾아보렴!

3 반으로 자른 나뭇잎을 도화지나 모눈종이에 붙이고, 대칭이 되도록 나뭇잎의 절반을 그리고 색칠합니다.

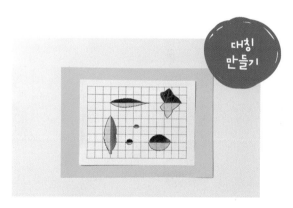

- 한쪽 면을 잘 보고 모양과 크기가 같아지도록 나머지 반쪽을 그려보자.

- 모눈종이의 칸을 세면서 그리면 정확하지.

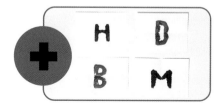

알파벳의 절반만 종이에 써준 다음, 글씨 위에 물감을 색칠하고 반으로 접은 뒤 대칭이 되는 것과 되지 않는 것을 찾아보는 활동을 할 수 있습니다. A, B, C, D, E, H 등은 대칭이 되고, F, G, J, P 등은 대칭이 되지 않습니다.

도형

★★★☆☆

내 반쪽을 찾아줘!

거울 대칭 놀이

아이들은 공간추론능력이 아직 덜 발달하여 사물을 보고 거울에 비친 모습을 상상하는 것을 어렵게 느낄 수 있어요. 이 놀이를 통해 직접 거울을 가지고 잃어버린 반쪽을 찾는 활동을 하다 보면 거울 대칭 및 도형의 뒤집기를 더 쉽게 이해할 수 있을 거예요.

놀이 효과	거울 대칭 알기 / 도형의 뒤집기 이해 / 공간추론능력 발달 / 사고력 발달 / 문제해결력 발달

 엄마 선생님 도움말

초등학교 교육과정에서 접하는 도형 뒤집기는 대부분의 아이가 많이 어려워하는 과정입니다. 하지만 이렇게 거울로 사물을 비춰보는 놀이는 대칭축을 찾는 연습이므로 자연스럽게 대칭축을 중심으로 양쪽의 모양이 같아지는 선대칭의 성질을 이해할 수 있습니다.

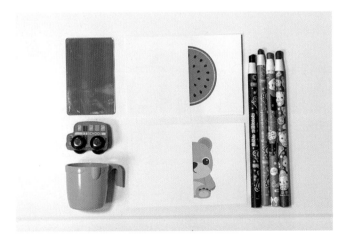

준비물 손거울, 장난감이나 컵 등 작은 물건, 도화지, 색연필

사전 준비

1. 도화지에 자동차, 동물, 얼굴 등 여러 사물의 반쪽만 그려주세요. 좋아하는 캐릭터나 그림의 반쪽을 오려 붙여도 좋습니다.

2. 손거울은 대칭을 만들기 좋도록 사각형 등의 모양에 테두리가 없는 것이 좋습니다.

1 얼굴과 손, 컵, 장난감 등의 주변 사물을 거울로 비춰보고, 거울 속 사물이 어떻게 보이는지 이야기해 봅니다.

- 토끼 인형이 거울 속 토끼와 마주 보고 있는 것 같구나.

- 컵을 거울에 비추면 손잡이가 어느 쪽에 있을까?

2 도화지의 반쪽 그림 옆에 거울을 바짝 대고 비춰보며 나머지 반쪽의 모습을 살펴봅니다.

거울 대칭

- 반쪽 얼굴을 거울에 비추면 모양이 어떻게 보일 것 같아?

- 자동차를 반으로 접으면 서로 겹쳐지겠네.

3 색연필 여러 색을 가지런히 두고 거울로 비추면, 거울 속에서 어떤 색 색연필이 가장 앞에 있을 것 같은지 이야기하고, 실제로 거울을 비추어보세요.

거울 대칭의 성질

- 초록색 색연필이 앞에 보일까? 보라색 색연필이 앞에 보일까?

- 거울을 반대쪽으로 옮겨서 비추면, 거울에서 색연필이 어떤 순서로 보이게 될까?

놀이 후에는 반쪽짜리 그림의 대칭축에 거울을 대고 비췄을 때의 모양을 상상하여 모양을 그리는 활동도 해보세요.

도형
★★★★☆

진짜 재밌는 놀이 해볼래?

달걀판 테트리스

달걀판으로 테트리스 놀이를 해볼까요? 테트리스는 도형의 밀기와 돌리기를 연습할 수 있는 좋은 놀이입니다. 달걀판을 알록달록 예쁘게 색칠하며 즐거운 시간을 보내고, 테트리스 조각을 밀고 돌리며 맞추는 놀이로 도형의 이동을 쉽게 이해할 수 있습니다.

놀이 효과 도형의 밀기·돌리기 이해 / 크기, 모양, 패턴 등의 수학 개념 알기 / 공간감각 발달 / 사고력 발달 / 문제해결력 발달

엄마 선생님 도움말

평면도형의 밀기, 뒤집기, 돌리기를 처음 공부하는 아이들은 이것을 머릿속으로 상상해서 문제를 해결하는 것에 어려움을 느끼곤 합니다. 공간감각 능력을 키우려면 다양한 도형을 직접 이동시켜보는 경험이 필요한데, 아이들이 쉽고도 재미있게 할 수 있는 활동이 바로 테트리스입니다. 아이가 조각 맞추기를 어려워한다면 부모님께서 일부분을 맞추고 나머지 부분을 채울 수 있도록 해주세요.

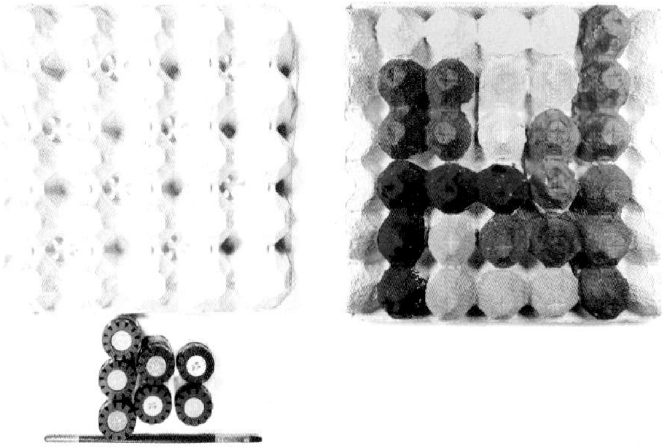

준비물 30구 달걀판 3개, 가위, 물감, 붓

사전 준비

1. 달걀판 하나를 잘라 테트리스 조각을 만들어주세요.
2. 테트리스 조각을 물감으로 칠해요. 아이와 함께 색을 칠하는 것이 좋지만 아이가 물감 칠하는 것을 어려워하면 미리 색을 칠해두어도 좋습니다.

1 달걀판 테트리스 조각을 살펴보면서 각각 다른 색깔 물감으로 색칠합니다.

🔵 달걀판 테트리스는 이 7가지 조각으로 달걀판 한 면을 채우는 놀이란다.

🔵 사랑이가 좋아하는 색 7가지를 골라서 조각들을 예쁘게 색칠해보자.

2 자르지 않은 새 달걀판 위에 테트리스 조각을 올려 달걀판을 꼭 채웁니다.

도형 밀기와 돌리기

🔵 ㄴ 모양 조각을 오른쪽으로 돌려보면 어떨까?

🔵 ㅁ 모양 조각 위에 T 모양 조각을 올렸구나.

3 달걀판 2개를 이어 붙인 후 테트리스 조각을 밀고 돌리며 테트리스 놀이를 해봅니다.

🔵 이번에는 달걀판 두 개를 이어볼게. 테트리스 판이 더욱 넓어졌네.

🔵 I 모양 테트리스를 몇 칸 옆으로 밀면 ㅁ 모양 테트리스가 들어갈 자리가 생길까?

달걀판 외에도 그림으로 테트리스 놀이를 할 수 있습니다. 그림을 프린트하여 테트리스 조각으로 잘라 그림을 맞추는 활동으로, 달걀판 테트리스와 과정은 비슷하나 테트리스 조각의 양을 적게 만들었다가 점점 늘려 난이도를 차례로 조절할 수 있는 장점이 있습니다.

요리조리 빙빙 돌려보자!

도형 돌리기 놀이

도형 돌리기는 구체물로 직접 돌려보며 활동하는 것이 가장 효과적이에요. 직접 도형을 돌리는 활동을 자주 하다 보면 나중에는 교구 없이도 그 모양을 상상할 수 있게 됩니다. 도형의 회전을 이해하고 아이들의 공간 감각을 키워줄 수 있는 유익한 활동이랍니다.

놀이 효과　도형의 대칭 알기 / 도형의 회전 이해 / 공간감각 발달 / 공간추론능력 발달

 엄마 선생님 도움말

학부모님과 아이들에게 가장 어렵다는 이야기를 많이 듣는 주제가 바로 평면도형의 돌리기입니다. 평면도형 돌리기는 아이가 직접 도형을 돌리며 경험하는 것이 가장 효과가 좋습니다. 이렇게 자주 연습하다 보면 점차 교구 없이도 공간추론이 가능해집니다. 앞에 소개한 달걀판 테트리스 놀이와 함께 도형의 회전을 자주 연습해보세요.

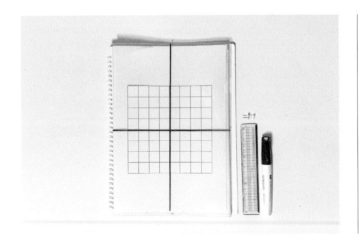

사전 준비

1. 투명 파일에 모눈종이를 넣은 뒤 중심을 지나는 가로선과 세로선을 그려주세요.
2. 투명 파일에 압정을 꽂아 돌릴 수 있도록 두꺼운 책이나 공책을 밑에 깔아주세요.

준비물 투명 파일, 모눈종이, 압정, 보드마카

1 투명 파일에 넣은 모눈종이 위에 다양한 모양의 도형을 그려봅니다.

💬 어떤 도형을 그려볼까? 테트리스의 모양 조각을 그려도 된단다.

💬 모눈종이에 ㄱ모양 도형을 그렸구나.

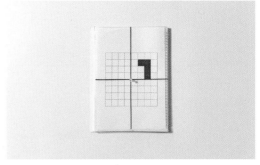

🌟 마카 지우개나 물티슈로 도형을 지우고, 다른 도형을 계속 그려봅니다.

2 도형을 그린 투명 파일을 여러 각도로 돌리며 어떤 모양이 되는지 관찰합니다.

💬 오른쪽으로 반 바퀴(180도) 돌려보자. 어떤 모양이 됐지?

💬 한 바퀴(360도) 돌리니까 원래 모양이 되었네.

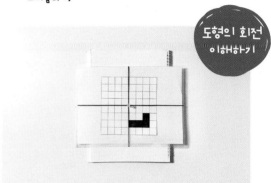

도형의 회전
이해하기

3 투명 파일에 있는 도형을 따로 그린 다음 도형을 돌리면 어떤 모양이 될지 생각해서 놓아봅니다. 그다음 투명 파일을 돌려서 미리 생각한 모양과 비교해 봅니다.

💬 도형을 반의 반 바퀴(90도) 돌리면 어떤 모양이 될까?

💬 네가 생각한 모양이 맞을까? 투명 파일을 돌려 확인해보자!

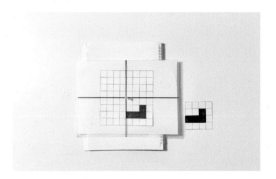

 시중에 파는 퍼즐놀이, 보드게임으로도 도형 돌리기 연습을 할 수 있습니다. 어린이 퍼즐, 블로커스, 우봉고 등을 활용하면 좋습니다.

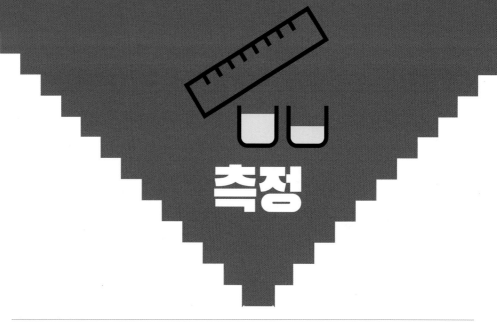

측정

측정은 길이, 무게 등 여러 가지 속성의 양을 비교하고, 단위를 이용하여 재거나 어림해봄으로써 양을 수치화하는 활동을 말해요. 측정 영역을 공부할 때 가장 중요한 두 가지는 '측정을 하기 위해 도구를 사용하는 방법'을 익히고 '양이 얼마나 되는지 대략 알 수 있는 양감'을 기르는 것이에요. 아이들에게는 양을 수로 나타내는 것이 처음에는 어려울 수 있으니 놀이 등을 통해 양을 다양한 방법으로 비교하고, 1cm, 1mm와 같은 표준단위의 필요성을 느낀 다음 단위를 익히는 과정이 꼭 필요해요. 즉 일상생활에서 측정 활동을 경험하고, 그다음에 추상의 단위를 알아가야 해요.

 ## 학교에서는 측정 영역에서 어떤 내용을 공부할까요?

- 길이 : 1cm와 1m 등의 단위를 알고, 여러 가지 물건의 길이를 어림하며 양감을 길러요.
- 들이 : 1L와 1mL의 단위를 알고, 이를 이용하여 들이를 측정하고 어림해보아요.
- 무게 : 1g, 1kg의 단위를 알고, 이를 이용하여 무게를 측정하고 어림해보아요.
- 시각 : 시계를 보고 '몇 시 몇 분 몇 초'까지 읽는 방법을 학습해요.
- 각도 : 1도(°)를 알고, 각도기를 이용하여 각의 크기를 측정하고 어림하는 학습을 해요.

영역	핵심 개념	학년(군)별 내용 요소	
		1~2학년	3~4학년
측정	양의 측정	• 양의 비교 • 시각과 시간 • 길이(cm, m)	• 시간, 길이(mm, km), 들이, 무게, 각도
	어림하기		• 길이, 들이, 무게, 각도 어림하기

양을 비교할 수 있어요

생활 주변에는 시간, 길이, 들이, 무게, 넓이 등 다양한 속성이 존재해요. 이 양의 크기를 재어 수치화하는 것이 측정이지요. 다음과 같이 다양한 비교 방법을 통해 양의 크기를 비교하고 결과를 해석하여 말로 설명해보는 활동을 하게 해주세요. 이를 통해 양에 대한 개념과 양감을 기를 수 있고, 자나 저울 등을 이용한 정확한 측정의 필요성을 느낄 수 있어요.

비교의 종류

비교의 종류	방법
직관적 비교	눈으로 길이나 넓이 등을 비교하는 것
직접 비교	엇비슷하거나 확실한 판단이 필요할 때 서로 맞대어 보기
간접 비교	끈이나 클립, 컵 등을 기준으로 양을 비교하는 것

비교하는 방법

속성	비교하는 말	직관적 비교	직접 비교	간접 비교
길이	길다/짧다	"어느 연필이 긴지 나란히 놓고 살펴봐. 무엇이 더 길까?"	"연필 두 개를 서로 맞대어보자."	"클립으로 연필 길이를 재어보자. 하나는 클립 5개, 하나는 7개구나. 뭐가 더 길까?"
무게	무겁다/가볍다	"연필과 가위를 양손에 들어봐. 무엇이 더 무겁니?"	"옷걸이 저울 양쪽에 연필과 가위를 올려서 어느 쪽으로 기우는지 살펴보자."	"옷걸이 저울에 매달아 보니 연필은 블록 1개와 무게가 같고, 가위는 블록 4개와 무게가 같구나."
들이	많다/적다	"컵과 그릇에 담긴 물을 보렴. 어느 쪽이 더 많아 보이니?"	"컵에 물을 가득 채운 뒤, 그릇에 옮겨 담았더니 물이 반밖에 차지 않았네."	"컵에 담긴 물은 종이컵 2개에 담을 수 있고, 그릇에 담긴 물은 종이컵 4개에 담을 수 있네."
넓이	넓다/좁다	"색종이와 공책 중 어느 것이 더 넓어 보이니?"	"색종이와 공책을 겹쳐봐. 무엇이 더 좁니?"	"학종이가 색종이와 공책에 몇 개씩 들어가는지 재어보자."

넓이와 들이, 무엇이 다를까요?

넓이   들이

▶ 넓이는 평면에 걸쳐 있는 공간의 크기를 말하고, 들이는 주전자나 물병 같은 입체 안쪽의 공간의 크기를 말해요.

시각과 시간을 알아요

시각과 시간의 개념은 눈에 보이는 것이 아니기 때문에 아이들에게 추상적이고 어렵게 느껴질 수 있어요. 시계를 보며 긴 바늘과 짧은 바늘에 관해 설명해주고, 일상생활에서 "긴 바늘이 6에 가서 30분이 되면 밖에 나가자."와 같이 시계에 관해 이야기를 자주 나누다 보면 시각과 시간에 관한 개념을 조금 더 쉽게 터득할 수 있을 거예요.

시계를 보며 시각을 '몇 시 몇 분'까지 읽는 방법

시각 읽기	이렇게 이야기해주세요
시침과 분침	"짧은바늘을 시침, 긴바늘을 분침이라고 해."
몇 시 읽기	"짧은바늘이 3을 가리키고 긴바늘이 12를 가리키는 것을 보고 3시라고 한단다."
몇 시 30분 읽기	"긴바늘이 6에 있으면 30분이야." "그런데 짧은바늘이 3와 4 사이에 있네? 아직 4시가 안 됐으니 3시 30분으로 읽는단다."
몇 분 읽기	"긴바늘이 1을 가리키면 5분이란다. 5분, 10분, 15분…."

시각과 시간 관련 개념 알기

관계	이렇게 이야기해주세요
시간과 분	"1시간 동안 분침이 60칸 움직여. 그래서 1시간은 60분을 말한단다."
분과 초	"1분 동안 초침이 몇 칸 움직였지? 60칸이야, 그래서 1분은 60초야."
24시간	"시침이 하루에 시계를 두 바퀴 도니까 하루는 총 몇 시간일까?"
오전	"하루 24시간 중 어젯밤 12시부터 오늘 낮 12시까지를 오전이라고 해."
오후	"그럼 오늘 낮 12시부터 오늘 밤 12시까지를 뭐라고 할까?"

헷갈리는 개념 잡기!

시각과 시간, 무엇이 다를까요?

시각 :
2시 30분

시간 :
2시부터 3시까지

▶ 시각은 시계의 침이 가리키는 그 순간을 말하고, 시간은 어떤 시각부터 어떤 시각까지의 사이를 말해요.

길이와 무게의 단위를 알아요

길이란 한 점에서 다른 점까지의 거리를 말하고, 무게는 물건의 무거운 정도를 말해요. 클립, 한 뼘 등으로 양의 비교를 경험한 뒤에 cm, m와 같은 단위를 배우게 되지요. 처음에는 단위에 대한 정확한 측정보다는 다양한 도구를 사용하여 측정 활동을 하는 즐거움을 느끼게 해주세요. 측정 활동의 경험을 쌓은 뒤에는 '연필 길이는 약 10cm'와 같이 어림하기에 도전해보세요.

길이 단위	이렇게 이야기해주세요
임의 단위	"식탁 길이가 몇 뼘인지 재볼까?" "사람마다 손 크기가 다르니 자를 이용하면 정확하게 잴 수 있어."
1cm	"자에 있는 큰 눈금 한 칸을 보고 1cm(센티미터)라고 해."
1mm	"자에 있는 작은 눈금 한 칸을 보고 1mm(밀리미터)라고 해."
1m	"1cm가 100개 있으면 100cm야. 100cm는 1m와 같단다."

무게 단위	이렇게 이야기해주세요
임의 단위	"옷걸이 저울로 인형이 블록 몇 개와 무게가 같은지 재어볼까?" "더 정확하게 무게를 재기 위해 눈금저울이 필요해."
1g	"가벼운 물건을 잴 때 사용하고, 1g은 일 그램이라고 읽어."
1kg	"무거운 물건을 잴 때 사용하고, 1kg는 일 킬로그램이라고 읽어." "1g짜리 추가 1000개 있으면 1000g 또는 1kg이라고 해."

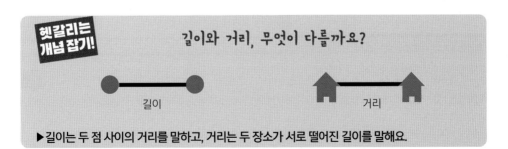

헷갈리는 개념 잡기!

길이와 거리, 무엇이 다를까요?

길이   거리

▶길이는 두 점 사이의 거리를 말하고, 거리는 두 장소가 서로 떨어진 길이를 말해요.

측정
★★☆☆☆

누구 발이 더 클까?

발 길이 재기

어른 발과 아이 발 길이를 여러 가지 방법으로 재보면서 측정의 기본을 이해하는 활동입니다. 두 개의 발 그림을 그려 직접 비교하고, 임의 단위(클립, 손뼘 등)로 길이를 측정합니다. 아이들은 자신의 몸을 이용한 활동을 좋아하니 발을 그리는 순간부터 즐거워하고 적극적으로 참여할 거예요.

놀이 효과　　임의 단위로 길이 재기 / 길이 비교하기 / 양감 형성 / 표준단위의 필요성 알기 / 집중력 발달

 엄마 선생님 도움말

'cm'와 'm'와 같은 표준단위로 물체의 길이를 재는 학습을 하기 전에 일상생활에서 다양한 물건을 비교하는 활동을 통해 길이의 개념을 이해하면, 수학의 측정 단원을 더 쉽고 깊이 있게 학습할 수 있습니다. 두 발의 길이를 비교할 때는 기준선을 맞추어 측정하도록 하고, 측정의 결과를 '더 길다, 더 짧다, 가장 길다, 가장 짧다' 등으로 표현할 수 있도록 도와주세요.

사전 준비

1. 클립, 동전, 블록과 같이 모양과 크기가 같은 물건을 20~30개 정도 준비하여 측정 단위로 사용합니다.

2. 도화지에 부모님 발과 아이 발을 대고 연필로 따라 그린 뒤 가위로 잘라 발 모양을 만들어주세요.

준비물 클립(또는 동전, 블록), 도화지, 연필, 가위

1

두 개의 발 그림을 직접 대고 그려 오린 후 어느 것이 얼마만큼 더 긴지 이야기해봅니다.

🔵 길이를 비교할 때는 한쪽 끝을 맞추어야 해.

🔵 아빠 발이 사랑이 발보다 얼마만큼 더 길까? 발 그림에 표시해보자!

길이 비교

⭐ 길이를 비교할 때는 기준선을 맞추어서 비교할 수 있도록 도와주세요.

2

두 사람의 발 길이를 클립으로 재어보고, 클립 몇 개 만큼 길거나 짧은지 비교해봅니다.

🔵 사랑이 발은 클립이 4개, 아빠 발은 클립 6개가 들어가네!

🔵 아빠 발이 사랑이 발보다 클립 몇 개만큼 길까?

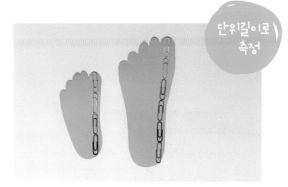

단위길이로 측정

3

손 뼘 등 다른 단위로도 재어보고 측정 단위나 자에 대해 이야기해봅니다.

🔵 아빠 발은 아빠 손 뼘으로 한 뼘쯤 되고, 사랑이 손으로는 한 뼘 반쯤 되네.

🔵 손 뼘은 사람마다 달라서 정확한 길이를 잴 수 없어. 그래서 길이를 잴 때는 자가 필요해.

 큰 종이 위에 누워 키를 그리고, 손과 발 그림으로 키를 재어보는 활동도 함께해보세요. 아이들은 자신의 신체 일부로 키를 재는 활동을 매우 즐거워한답니다.

어느 것이 더 무거울까?

옷걸이 저울 놀이

옷걸이로 저울을 만들어 물건의 무게를 비교하는 놀이를 해봅니다. 직접 만든 옷걸이 저울이 요리조리 기울어지는 모습을 보고, 아이들이 매우 신기해하고 즐거워하지요. 저울 놀이를 하면서 자연스럽게 양감을 기르고 양에 대한 개념도 익힐 수 있답니다.

놀이 효과　무게 비교하기 / 무게 비교하는 말 익히기 / 양감 기르기 / 사고력 발달 / 추론능력 발달

 엄마 선생님 도움말

무게를 비교하는 활동은 정확한 양의 측정값을 알아보기 전에 양감을 기르고, 양의 개념을 이해하는 과정입니다. 아이들은 무게를 비교하는 활동을 통해 무게를 모양이나 부피로 판단할 수 없음을 경험하고, 표준단위(g, kg 등)의 필요성을 알게 됩니다. 활동 시 '무겁다, 가볍다'와 같은 말로 양을 표현하고, 세 가지 물건의 비교로 확장하여 '가장 무겁다, 가장 가볍다'의 표현을 익힐 수 있도록 도와주세요.

사전 준비

1. 1.5L 이상 크기의 페트병의 입구 부분을 잘라내고 양쪽 끝에 구멍을 2개 뚫어주세요. 자른 면에 다치지 않도록 다듬어주세요.

2. 페트병에 넣어 무게를 측정할 수 있는 작은 장난감, 컵 등의 물건을 준비해주세요.

준비물　옷걸이, 페트병 2개, 실, 장난감, 컵, 같은 크기의 블록 여러 개

1 페트병 2개를 실로 묶어 옷걸이 양쪽에 매달아 옷걸이 저울을 만들고, 문고리에 겁니다.

● 옷걸이 저울은 어떤 물건이 얼마나 무거운지 알아보기 위한 도구란다.

● 손으로도 어느 것이 무거운지 알아볼 수 있지만, 저울을 사용하면 더 정확하게 무게를 잴 수 있어.

2 자동차, 컵, 인형 등 다양한 물건을 옷걸이 저울에 넣어 무게를 직접 비교하고, 무거운 순서대로 이야기 해봅니다.

● 컵과 자동차 중에 어떤 것이 무거울까?

● 이번에는 인형과 자동차 중에 어떤 것이 무거울까?

● 컵, 자동차, 인형의 순서대로 무게가 무겁구나.

무게 직접 비교

3 한쪽에는 물건을 넣고, 다른 한쪽에는 저울이 수평을 이룰 때까지 블록을 추가합니다. 각 물건이 블록 몇 개와 무게가 같은지 재어보고, 어느 물건이 더 무거운지 이야기합니다.

● 자동차는 블록 4개와 무게가 같네.

● 컵은 블록 8개와 무게가 같구나. 컵이 자동차보다 블록 몇 개만큼 더 무거울까?

무게 간접 비교

★ 두 물건을 동시에 매달아 직접 비교하는 것이 아닌, 블록으로 무게를 재는 간접 비교를 하는 상황입니다.

바지걸이 양쪽 집게에 종이컵이나 지퍼백을 달아 저울을 만들 수도 있습니다.
다양한 물건을 종이컵에 넣어 무게를 비교하는 활동을 해보세요.

★★★★☆

털실로 신나게 놀자!

털실 무게 비교 놀이

털실을 풀고 감는 것만으로도 재미있는 활동이 될 뿐만 아니라, 털실 뭉치의 무게를 비교하며 부피는 변해도 무게는 변하지 않는다는 사실을 자연스럽게 깨우칠 수 있어요. 아이가 감은 털실 뭉치를 손으로 만져보거나 두 손에 들고 무게를 재어보는 등 다양한 방법으로 탐색하며 스스로 무게에 대해 생각할 수 있는 기회를 제공해주세요.

놀이 효과 보존개념 형성 / 무게 비교하기 / 부피 비교하기 / 양감 기르기 / 추론능력 발달

 엄마 선생님 도움말

보존개념이란 어떤 대상의 외양이 바뀌어도 그 양적 속성이나 실체가 변하지 않는다는 사실을 말합니다. 아이들은 이 보존개념을 갖기 전까지 대상의 형태나 순서가 바뀌면 수, 길이, 넓이, 부피 등이 달라진다고 생각합니다. 보존개념은 아이가 자라면서 자연스럽게 터득하기도 하지만, 다양한 경험을 통해 알 수 있도록 도와주는 것이 좋습니다.

사전 준비

1. 크기와 무게가 같은 털실 뭉치 두 개를 준비해주세요.
2. 이전 놀이에서 사용한 옷걸이 저울을 다시 사용합니다. 주방용 저울 등을 사용해도 좋습니다.

준비물 털실 2뭉치, 옷걸이 저울 또는 저울

1 두 털실을 손으로 들어서 무게를 비교해보고, 옷걸이 저울에 넣고 무게를 비교합니다.

- 털실 두 개를 손으로 들어보렴. 무게가 서로 같을까, 다를까?

- 더 정확하게 무게를 재기 위해 두 털실을 옷걸이 저울에 매달아보자.

- 옷걸이 저울이 한쪽으로 기울지 않는 것을 보니, 두 털실의 무게가 같네.

2 털실 하나는 그대로 두고, 나머지 하나는 풀어 바닥에 지그재그로 늘어놓았다가 다시 동그랗게 감아봅니다.

- 지금부터 털실 풀기 놀이를 해보자. 엄마랑 같이 풀어볼까?

- 사랑이가 한번 털실 끝을 잡고, 다시 동글동글하게 감아볼까?

3 크기가 다른 두 털실의 무게에 관해 이야기해보고, 옷걸이 저울에 달아봅니다.

무게의 보존개념

- 사랑이가 풀었다 감은 털실이 더 크네.

- 두 털실을 옷걸이 저울에 달아보면 어느 쪽으로 기울 것 같아?

- 털실의 크기가 달라졌지만 무게는 전과 같다는 것을 알게 되었네!

 아이와 함께 털실 잡기 놀이를 해보세요. 엄마가 털실 뭉치의 실 끝을 잡고 왔다 갔다 하면, 아이는 폴짝 뛰거나 이동하며 털실을 잡으려고 시도합니다.

요리 보고 조리 보고

어느 쪽 콩이 더 많을까?

도형
★★☆☆☆

아이들은 보통 서로 다른 그릇에 담긴 물체의 양을 비교할 때 그릇의 높이나 크기만 보고 많고 적음을 판단합니다. 그릇은 변해도 양은 변하지 않는다는 사실을 알기 위해서는 직접 측정 활동을 해보는 것이 가장 좋습니다. 이번에는 콩으로 측정 놀이를 하면서 콩을 옮겨 담고, 붓는 등의 활동을 해봅니다.

놀이 효과　들이 측정하기 / 들이 비교하기 / 들이 어림하기 / 보존개념 형성 / 양감 기르기

 엄마 선생님 도움말

들이는 통이나 그릇 안에 담을 수 있는 공간의 크기입니다. 들이에 대한 양감을 기를 수 있도록 아이들이 자주 접하는 물건의 들이를 측정해보는 것이 좋습니다. 종이컵으로 큰 그릇의 들이를 측정하며 어림해보고, 서로 다른 모양의 그릇 들이를 측정하며 보존개념을 형성할 수 있습니다. 큰 그릇에 담긴 콩을 종이컵으로 옮겨 담기 전에 스스로 어림하는 기회를 충분히 주세요.

사전 준비

1. 큰 그릇에 콩이나 팥 등을 넉넉히 담아 준비해요.

준비물 두꺼운 도화지, 테이프, 콩, 큰 숟가락, 종이컵

1 두꺼운 도화지를 반으로 잘라요. 각각 서로 다른 방향으로 말아 테이프로 붙여 도화지 그릇을 만들고, 그 모양에 관해 이야기합니다.

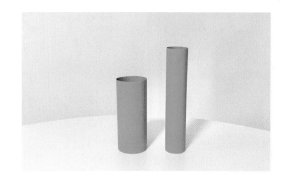

● 같은 종이였는데 접는 방향에 따라 모양이 달라지네!

● 두 그릇의 모양이 각각 어떤 것 같니?

2 숟가락으로 콩을 두 종이 그릇에 각각 옮겨 채운 뒤, 어느 쪽 그릇에 담긴 콩이 더 많아 보이는지 이야기합니다.

● 어느 쪽 그릇에 담긴 콩이 많아 보이니?

● 길쭉한 그릇에 담긴 콩이 더 많아 보이는구나. 왜 그렇게 생각해?

● 길쭉한 그릇이 더 높아 보여서 그렇구나.

3 두 도화지 그릇에 담긴 콩을 각각 종이컵에 옮겨 담고, 두 도화지 그릇에 담긴 콩의 양을 서로 비교합니다.

들이 측정과 보존개념

● 긴 그릇에 담긴 콩이 종이컵 2개에 담겼구나. 낮은 그릇은 종이컵 몇 개가 필요할까?

● 긴 그릇과 낮은 그릇 속에 담긴 콩의 양이 같구나!

● 그럼 왜 긴 그릇 속의 콩이 더 많아 보였을까?

다양한 그릇을 준비한 다음, 콩을 종이컵으로 몇 번 부었을 때 그릇이 꽉 차는지 세보며 어떤 그릇에 가장 많이 들어가고 가장 적게 들어가는지 알아보는 활동도 해보세요.

열심히 펄럭펄럭!

부채질 놀이

종이를 접어 부채를 만들고, 자신이 만든 부채로 신나게 부채질을 하면서 빨대를 굴리는 놀이예요. 부채를 만들고 빨대가 굴러간 길이를 보면서 자연스럽게 cm 단위를 익히고, 길이 측정을 하는 경험을 할 수 있습니다. 이기고 지는 것보다 놀이에 열심히 참여하는 아이들의 모습을 많이 칭찬해주세요.

놀이 효과   1cm 알기 / 길이 재기 / 길이 비교하기 / 표준단위의 필요성 이해 / 양감 기르기

 엄마 선생님 도움말

부채를 만들면서 센티미터(cm)라는 표준단위에 따라 종이를 접어보고, 빨대가 굴러간 칸을 세며 길이 측정능력을 기를 수 있는 활동입니다. 빨대가 굴러간 길이를 측정할 때 처음에는 '한 칸, 두 칸…'과 같이 세다가 차츰 '1cm, 2cm…'로 세면서 단계적으로 표준단위에 익숙해지는 경험을 합니다.

사전 준비

1. 부채를 만들 종이에 1cm 간격으로 줄을 그어주세요. 놀이할 사람 수만큼 준비하면 좋습니다.

2. 다른 종이에 1cm 간격으로 줄을 그려서 겨루기판을 만듭니다. 가장 가운데에 빨간 선을 그리고, 빨간 선을 기준으로 양쪽에 각각 0~14cm까지 표기합니다.

준비물 종이(A4), 자, 풀, 테이프, 빨대(또는 둥근 연필), 약 1cm짜리 물건(단추, 작은 블록 등)

1
자를 보고 1cm에 대해 알아보고, 주변에서 1cm와 길이가 비슷한 물건을 찾아봅니다.

● 길이를 잴 때는 자를 사용한단다.

● 이 정도 길이를 '1센티미터'라고 해. 1cm가 어느 정도 되는지 손가락으로 표시해볼까?

● 단추 길이와 비슷하네! 1cm는 또 어떤 물건과 길이가 비슷할까?

2
종이에 미리 그어놓은 선을 앞뒤로 접은 다음, 반으로 접고 끝을 테이프로 붙여 부채를 만듭니다. 부채를 만들면서 1cm에 대해 이야기를 나눕니다.

● 부채를 1cm 간격으로 접어볼 거야. 1cm가 대략 이 정도 길이구나!

● 1cm가 2칸이면 2cm라고 한단다. 1cm가 3칸이면 몇 센티미터라고 할까?

3
겨루기판 가운데에 빨대를 놓고 30초 동안 부채질을 해서 빨대를 굴리면서 몇 cm만큼 보냈는지 측정합니다. 빨대를 자신과 반대 방향으로 더 멀리 보내는 사람이 이깁니다.

● 빨대를 3칸 앞으로 보냈구나. 3칸이면 몇 cm일까?

● 아빠는 5칸을 보냈네. 아빠는 몇 cm를 보냈니? 누가 더 많이 보냈을까?

⭐ 빨대가 2~3cm 중간에 위치할 때는 '약 2cm' 또는 '약 3cm'로 읽을 수 있다고 알려줍니다.

자를 가지고 '1cm, 2cm…'만큼 선을 직접 그어보는 활동도 할 수 있습니다. 이때 자의 눈금 '0'에서부터 선을 그어야 한다는 사실을 꼭 알려주세요.

많아 보인다고 정말 많을까?

신기한 약병 놀이

약병은 아이들에게 친숙한 재료라서 흥미를 불러일으키기 좋습니다. 사용한 약병을 버리지 않고 깨끗이 씻어 재활용하면, 뛰어 세기와 들이의 개념을 동시에 익힐 수 있는 유용한 수학 놀이 교구로 재탄생한답니다. 약병 눈금에 맞춰 주스를 마시는 활동만으로도 충분히 즐거운 측정 경험을 할 수 있습니다.

놀이 효과　들이 측정하기 / 들이 비교하기 / 들이 어림하기 / 양감 기르기 / 수학적 의사소통능력 향상

 엄마 선생님 도움말

표준단위가 적힌 약병을 활용해 들이 측정을 하는 활동입니다. 다양한 크기의 약병에 주스를 붓고 측정하다 보면 양에 대한 개념뿐만 아니라 보존개념까지 익힐 수 있습니다. 약병으로 들이 측정을 할 때 단위를 정확히 아는 것보다 어림과 측정의 경험에 초점을 맞추어 즐겁게 활동할 수 있게 해주세요. 아이가 단위를 어려워하면 숫자만 가지고 측정 활동을 해도 좋습니다.

사전 준비

1. 12cc, 30cc, 60cc, 100cc 등 다양한 크기의 약병을 2~3개 이상 준비하고 깨끗이 씻어 말려요.
2. 여분의 큰 약병에 주스를 담아주세요.

준비물 크기가 다른 약병 3~4개, 주스, 네임펜

1 다양한 크기의 약병 눈금을 읽어봅니다. 12cc 약병의 경우 2씩, 100cc 약병의 경우 10씩 뛰어 세며 읽어봅니다.

들이의 단위 익히기

- 약병의 눈금에 주스가 1cc까지 차 있으면 주스 1cc 또는 1mL라고 말한단다.

- 20cc 약병은 2, 4, 6, 8, 10…. 눈금의 숫자가 2씩 늘어나네!

- 80 다음에는 어떤 수가 올까?

2 주스를 약병에 따르고, □cc까지 먹기 시합을 합니다. □cc와 가장 가까운 수만큼 남기는 사람이 이깁니다.

들이 측정하기

- 사랑이는 80cc까지 마셨고, 아빠는 70cc까지 마셔버렸어.

- 0까지 다 마셨구나. 이제 주스가 하나도 남아있지 않아.

⭐ 10cc씩 차례로 마셔보는 활동도 해보세요.

3 서로 다른 크기의 약병에 주스를 각각 10cc씩 따르고, 네임펜으로 10cc 위에 선을 긋습니다. 그다음 병을 나란히 세우고 높이를 비교해 봅니다.

들이 측정하기

- 어느 약병에 든 주스가 많아 보이니?

- 전부 10cc만큼 따랐는데 왜 양이 달라 보일까?

- 약병이 넓어질수록 주스의 높이가 줄어들어 양이 적어 보이는 거란다.

 서로 다른 크기의 약병에 든 10cc 주스를 다시 가장 작은 약병에 부어서 확인하는 활동도 함께해보세요. 또한 100cc 약병에 든 주스 10cc는 양이 적어 보이고, 12cc 약병에 든 주스 10cc는 양이 많아 보이는 이유에 대해서도 서로 이야기해보세요.

측정
★★★★☆

빨대로 후후
애벌레 경주 놀이

색종이를 여러 번 접어 구불구불 오리면 귀여운 애벌레가 완성돼요. 애벌레를 손으로 톡톡 건들면 꿈틀꿈틀 움직이고, 빨대로 후후 불면 기어간답니다. 즐거운 경주 놀이를 하며 애벌레가 움직인 거리를 측정하여 m(미터) 개념까지 알 수 있는 활동입니다.

놀이 효과 길이 측정하기 / 1m 알기 / m와 cm의 관계 알기 / 양감 기르기 / 어림하기

 엄마 선생님 도움말

아이들은 m(미터)를 공부할 때 10m와 50m 등의 거리를 어림하는 활동을 다소 어려워합니다. 평소에 팔을 벌리거나 보폭 등 자신의 신체로 1m를 만들어보며 길이에 대한 양감을 기르고 '2m, 3m, 4m…'로 점점 더 긴 거리를 어림하는 경험을 해보면 많은 도움이 됩니다. 애벌레가 이동한 거리를 스스로 읽어볼 수 있도록 격려하고, 동전을 여러 번 던져보며 1m의 길이를 익힐 수 있도록 합니다.

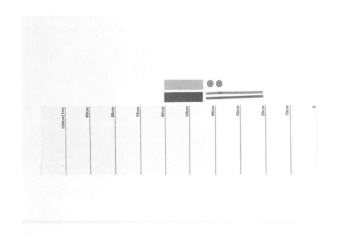

사전 준비

1. 전지에 0~100cm까지 10cm 간격으로 눈금을 표시하고 길이를 적어주세요.
2. 색종이를 길게 4등분으로 잘라주세요.

준비물 4등분한 색종이, 빨대, 전지, 자, 펜, 동전(또는 사탕, 젤리 등 작은 물건), 가위

1 4등분한 색종이를 대문접기를 2번 하고 다시 반을 접습니다. 접은 색종이 양쪽을 동그란 모양으로 자른 다음 펴서 애벌레를 만듭니다.

● 꿈틀꿈틀 애벌레가 되었네.

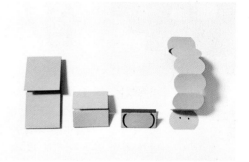

2 출발선에 애벌레를 놓고, 빨대로 애벌레를 불어 앞으로 이동시킵니다. 30초 동안 애벌레를 불어서 어디까지 갔는지 보고, cm(센티미터)와 m(미터)에 대해서 이야기합니다.

● 애벌레가 100cm까지 갔구나.

● 100cm를 1m라고 불러.

● 1m까지 도착하려면 애벌레가 10cm씩 몇 번 가야 할까?

● 빨대를 불 때 애벌레의 솟아오른 등을 향해 불면 전진하는 힘이 커집니다.

3 누가 1m에 가장 가깝게 보내는지 동전이나 사탕을 던져보면서 1m를 익히고 거리 가늠을 해봅니다.

● 동전을 던져서 1m에 가깝게 던져보자.

● 사랑이가 90cm, 엄마는 약 80cm에 던졌네. 사랑이가 1m에 더 가깝게 던졌구나!

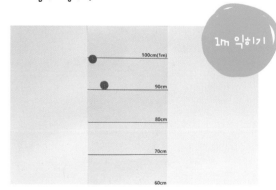

 줄자로 발에서 눈까지의 높이, 양팔 사이의 거리, 발걸음의 보폭 등을 재며 내 몸에서 약 1m를 찾는 놀이도 함께해보세요.

접었다 폈다!

접시 시계 놀이

시계에는 '분'을 뜻하는 숫자가 직접적으로 쓰여 있지 않기 때문에 많은 아이가 시계 보는 것을 어려워합니다. 하지만 이 접시 시계는 일반 시계와 달리 '분'을 나타내는 숫자가 숨어 있어서 시계 보는 연습을 쉽고 재미있게 할 수 있답니다. 만드는 방법도 간단하니 아이가 직접 만든 시계로 몇 시 몇 분인지 맞히며 즐거운 시계 보기 놀이를 함께해보세요.

놀이 효과　　시계 보기 / 시간 개념 발달 / 뛰어 세기 이해 / 관찰력 발달

 엄마 선생님 도움말

시간과 시각은 다른 의미를 가집니다. 시각은 어느 한 시점을 뜻하며, 시간은 어떤 시각에서 시각까지 사이를 뜻합니다. 일상 생활에서 "짧은바늘이 11을 가리키면 놀이터에 가는 거야.", "1시에 밥을 먹기 시작했는데 30분이 지났구나." 등으로 시각과 시간의 흐름에 대해 자주 이야기해주세요. 시각 읽기를 할 때 아이가 어려워한다면 처음에는 '몇 시'와 '몇 시 30분'을 읽어본 뒤, 다음에는 '몇 시 몇 분'으로 자세하게 읽는 방법을 단계적으로 지도합니다.

준비물 종이 접시 2개, 할핀(압정), 동그라미 스티커, 빨대

사전 준비

1. 빨대를 각각 다른 길이로 잘라 시침과 분침을 만들어주세요. 구분하기 쉽게 다른 색이면 더 좋아요.

2. 모양 스티커에 시 표시를 위한 1, 2, 3…12, 분 표시를 위한 0, 5, 10, 15…55 숫자를 써주세요.

1 접시 끝을 12칸으로 자른 뒤 둘레에 '1~12'를 붙이고, 다른 접시 둘레에는 '0~55'를 붙입니다. 두 접시를 겹친 뒤, 시침과 분침을 할핀으로 꽂아주세요.

💬 1시부터 12시까지 있네. 12와 마주 보고 있는 숫자는 뭘까?

💬 55 다음엔 왜 다시 0일까? 60분이 한 시간이거든. 1시에서 60분이 지나면 1시 60분이 아니라 2시라고 한단다.

2 몇 분은 어느 숫자 아래에 있을지 문제를 내고 대답한 다음, 접시 끝을 열어 분을 확인합니다.

💬 1시를 열면 5분이 숨어 있단다. 2시를 열면 몇 분이 숨어 있을까?

💬 시를 볼 때는 위에 있는 접시의 숫자를 보고, 분을 볼 때는 접시 끝을 접어서 확인하면 된단다.

3 먼저 엄마가 시각을 만든 뒤 몇 시 몇 분인지 함께 읽어봅니다. 익숙해지면 시각을 미리 정한 다음, 시침과 분침을 움직여 시각을 만들어봅니다.

💬 짧은 빨대는 시를 가리키고, 긴 빨대는 분을 가리키는 거야. 시각을 볼 때는 짧은바늘을 먼저 보고, 긴바늘은 나중에 보면 돼.

💬 짧은바늘이 4에 있고, 긴바늘은 8에 있네. 몇 시 몇 분일까? 어려우면 8을 열어보렴.

 접시 대신 물티슈 뚜껑을 활용하여 시계를 만들 수 있습니다. 물티슈 뚜껑 12개를 준비해서 뚜껑 위에는 '시'를 쓰고, 뚜껑 아래에는 '분'을 써서 뚜껑을 여닫으며 시각을 읽는 놀이를 하는 것입니다.

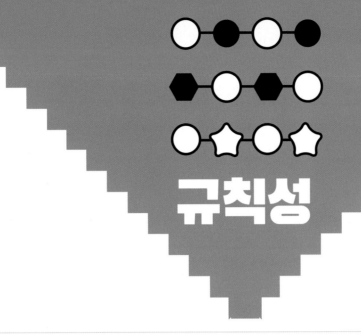

규칙성

규칙성 영역은 함수 개념의 기초가 되는 아주 중요한 부분이에요. 이 영역을 잘하려면 규칙을 찾거나 만들 수 있는 추론능력과 논리력이 있어야 해요. 이러한 능력이 형성되어 있지 않으면 정형적인 개념과 기능을 열심히 숙달해도 규칙성 영역의 문제를 해결하기 쉽지 않아요. 그러니 어릴 때부터 일상생활에서 다양한 배열을 접하며 직접 규칙을 찾고, 말로 설명하는 과정을 함께해보세요. 이미 우리 생활에는 수많은 규칙이 있기 때문에, 이에 대해 자주 이야기를 나누고 경험하다 보면 어느새 주위 사물을 새로운 눈으로 관찰할 수 있는 안목과 응용력이 생길 거예요.

학교에서는 측정 영역에서 어떤 내용을 공부할까요?

- 크기, 색깔 등에 대한 규칙을 다루고, 그 규칙을 수나 기호, 말과 행동 등의 다양한 방법으로 표현하는 연습을 해요.
- 물체나 무늬의 배열에서 다음에 올 것이나 중간에 빠진 것을 추측하는 활동을 해요.
- 규칙적인 계산식의 배열에서 계산 결과의 규칙을 찾는 방법을 공부해요.
- 수의 배열뿐만 아니라 수 배열표, 덧셈표, 곱셈표를 활용하여 수의 규칙을 찾아보아요.
- 자신의 규칙을 창의적으로 만들어보고, 다른 사람의 배열에서 규칙을 찾아보아요.

영역	핵심 개념	학년(군)별 내용 요소	
		1~2학년	3~4학년
규칙성	규칙	• 규칙 찾기	• 규칙을 수나 식으로 나타내기

반복되는 간단한 규칙을 알아요

색 또는 무늬 규칙에도 다양한 종류가 있어요. 규칙을 공부할 때는 아이가 좋아하는 젤리, 바둑알 같은 구체물로 직접 만들어보고, 자신이 만든 규칙을 설명하는 과정이 필요해요. 결과를 말로 표현하는 연습을 하면 패턴을 인식하고 확장하는 능력이 크게 자라기 때문이에요. 처음에는 한 가지 속성이 반복되는 간단한 규칙을 접해보는 것이 좋으며, 점차 색과 무늬가 혼합된 규칙과 같은 좀 더 복잡한 규칙으로 발전시켜 나가보세요.

규칙의 종류	예시	이렇게 이야기해주세요
반복 규칙	AB형 : ●▲●▲●▲ AAB형 : ●●▲●●▲ ABC형 : ●▲■●▲■	"●는 1, ▲는 2, ■는 3으로 바꾸면 규칙을 더 쉽게 찾을 수 있단다."
색 규칙	●●●●●●…	"파랑-파랑-빨강이 반복되네. 다음에는 어떤 색 구슬을 끼워야 할까?"
증가하는 규칙	●-●●-●●●…	"처음에는 ●가 1개, 그다음에는 2개네. 그럼 다섯 번째에는 ●가 몇 개 있을까?"
움직이는 규칙		"▲가 시계 방향으로 도는구나. ▼다음에는 무엇이 와야 할까? ▼를 종이에 그려서 반의 반 바퀴를 돌려보자."
색과 모양이 혼합된 규칙	▲-■-●-▲-■-●	"색이 어떻게 변하는지 생각하고, 그다음에 모양이 어떻게 변하는지 생각해보렴." 색 : 노랑-빨강 모양 : ▲-■-●

헷갈리는 개념 잡기!

규칙과 대응, 무엇이 다를까요?

규칙 : 2, 4, 6, 8….

대응 :

오리 수	1	2	3	4
다리 수	2	4	6	8

▶규칙은 모양이나 수 등의 요소가 일정하게 변하는 것을 말하고, 대응은 두 대상이 서로 규칙을 갖고 짝을 짓는 것을 말해요.

쌓은 모양에서 규칙을 찾아요

쌓은 모양에서 규칙을 찾을 때는 먼저 앞, 뒤, 왼쪽 등과 같이 위치를 설명하는 말을 알아야 규칙을 찾고 설명할 수 있어요. 쌓기나무나 각설탕 같은 사물을 다양하게 쌓아보며 아래와 같이 위치를 설명하는 말을 하면서 연습해보세요. 쌓은 모양에서 규칙을 찾을 때는 개념을 강조하기보다 아이의 생각을 자유롭게 펼치며 활동 자체에 즐거움을 느낄 수 있게 해주세요.

쌓은 모양에서 위치를 설명하는 말

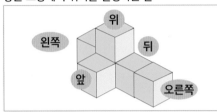

"**뒤**에서 가장 **오른쪽**에 있는
쌓기나무 **옆**에 나무를 쌓아보렴."

"가장 **앞**쪽 쌓기나무 **위**에
쌓기나무를 놓아보렴."

쌓은 모양에서 규칙 찾기

규칙의 종류	모양	이렇게 이야기해주세요
반복되는 규칙		"각설탕 몇 개와 몇 개가 반복되고 있는지 생각해볼까?"
위로 증가하는 규칙		"각설탕이 2개, 4개, 6개로 2개씩 늘어나는구나. 그다음엔 몇 개를 쌓아야 할까?"
위와 옆으로 증가하는 규칙		"각설탕이 옆에 1개, 또 그 위에 1개씩 더 늘어나는구나."

헷갈리는 개념 잡기! ▸ 반복 규칙과 증가 규칙, 무엇이 다를까요?

반복 규칙 ●▲●▲●▲…   증가 규칙 …

▶반복 규칙은 수, 모양, 색깔 등이 반복되는 패턴을 말하고, 증가 규칙은 사물의 수나 크기가 늘어나는 패턴을 말해요.

수의 배열에서 규칙을 찾아요

실생활에서도 수에 관한 다양한 규칙을 찾을 수 있어요. 영화관이나 경기장의 좌석표를 보며 규칙을 찾아볼 수도 있고, 달력 일부를 지우거나 찢어서 수의 규칙을 찾으며 놀이할 수도 있어요. 벽에 수배열표나 덧셈표를 걸어두고 평상시에 자주 살펴보며 규칙을 찾으면 좋아요.

수배열에서 규칙 찾기

종류	규칙	이렇게 이야기해주세요
덧셈표	<table><tr><td>+</td><td>0</td><td>1</td><td>2</td><td>3</td></tr><tr><td>0</td><td>0</td><td>1</td><td>2</td><td>3</td></tr><tr><td>1</td><td>1</td><td>2</td><td>3</td><td>4</td></tr><tr><td>2</td><td>2</td><td>3</td><td>4</td><td>5</td></tr><tr><td>3</td><td>3</td><td>4</td><td>5</td><td>( )</td></tr></table>	"→쪽으로 갈수록 1씩 커지는 규칙이 있네." "↓방향으로는 몇씩 커지고 있을까?" "↙방향으로는 모두 같은 수가 있구나." "(　)에 들어갈 수를 찾아보렴."
달력	<table><tr><td>일</td><td>월</td><td>화</td><td>수</td><td>목</td><td>금</td><td>토</td></tr><tr><td></td><td>1</td><td>2</td><td>3</td><td>4</td><td>5</td><td>6</td></tr><tr><td>7</td><td>8</td><td>9</td><td>10</td><td>11</td><td>12</td><td>13</td></tr><tr><td>14</td><td>15</td><td>16</td><td>17</td><td>18</td><td>19</td><td>20</td></tr><tr><td>21</td><td>22</td><td>23</td><td>24</td><td>( )</td><td>26</td><td>27</td></tr><tr><td>28</td><td>29</td><td>30</td><td>31</td><td></td><td></td><td></td></tr></table>	"→방향으로 몇씩 커지는 규칙이 있을까?" "↓방향으로는 7씩 커지고 있네." "(　)에 들어갈 수를 찾아보렴."
좌석표	<table><tr><td>가5</td><td>가6</td><td>가7</td><td>가8</td><td>가9</td></tr><tr><td>나5</td><td>나6</td><td>■</td><td>나8</td><td>나9</td></tr><tr><td>다5</td><td>다6</td><td>다7</td><td>다8</td><td>다9</td></tr><tr><td>라5</td><td>●</td><td>라7</td><td>라8</td><td>라9</td></tr></table>	"가로로 보면 한글은 그대로이고, 수가 1씩 커지는구나." "세로로 보면 어떤 규칙이 있을까?" "■와 ●에 들어갈 좌석 번호를 찾아보렴."

덧셈표와 곱셈표의 규칙, 무엇이 다를까요?

+	0	1	2	3
0	0	1	2	3
1	1	2	3	4
2	2	3	4	5
3	3	4	5	6

X	1	2	3	4
1	1	2	3	4
2	2	4	6	8
3	3	6	9	12
4	4	8	12	16

▶덧셈표에서는 →, ↓ 방향으로 1씩 커지고 ↘방향으로 가면 2씩 커집니다. 곱셈표에서는 →, ↓ 방향으로 곱하는 수나 곱해지는 수만큼 커지고, 파란 선따라 접으면 만나는 수들이 서로 같습니다.

규칙성
★☆☆☆☆

콕콕 찍으며 신나게 놀자!

마시멜로 도장 놀이

마시멜로로 재미있는 도장 찍기 놀이를 해볼까요? 여러 가지 색을 번갈아 찍으며 자신만의 규칙을 만들어보는 거예요. 반복하는 패턴을 완성하는 과정에서 자연스레 규칙성 영역을 공부할 수 있어요.

놀이 효과	규칙 만들기 / 추론능력 발달 / 수학적 의사소통능력 발달 / 심미적 감성 발달 / 유창성 발달

 엄마 선생님 도움말

초등학교 1학년 과정에서 수, 도형 등을 활용하여 규칙을 파악하고 만드는 학습을 합니다. 어른이 보기에는 간단해 보이지만 아이들은 규칙의 배열에서 다음에 올 것이나 중간에 빠진 것을 추측하는 활동을 다소 어려워하기도 합니다. 이 활동을 하면서 규칙을 창의적으로 만들어보고, 아이디어를 설명하는 과정을 통해 규칙성 영역에 대한 흥미와 문제해결능력을 기를 수 있게 해주세요.

사전 준비

1. 뾰족한 이쑤시개 한쪽 끝을 잘라낸 뒤 마시멜로에 꽂아 도장을 만듭니다.

2. 도화지에 마시멜로 도장을 찍을 동그라미 칸을 여러 줄 그려놓습니다.

3. 여러 가지 색의 물감을 그릇에 짜놓습니다.

준비물 마시멜로, 이쑤시개, 물감, 접시, 도화지, 색연필

1 두 가지나 세 가지 색 물감으로 물감을 찍을 규칙을 미리 다양하게 만들어봅니다. 만든 규칙을 색연필로 도화지에 먼저 칠해보세요.

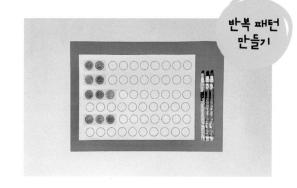

반복 패턴 만들기

● 두 가지 색을 번갈아서 사용해볼까? 빨강–초록, 주황–파랑을 칠했구나!

● 세 가지 색을 번갈아서 사용해볼까? 초록–빨강–주황으로 했구나.

2 마시멜로 도장을 물감에 묻혀서 1번에서 만든 규칙대로 종이 칸에 콕콕 찍어봅니다.

반복 패턴 완성하기

● 세 가지 색을 사용해서 파랑–초록–빨강 순서로 도장을 찍었구나!

● 사랑이가 만든 규칙에 따라 도장을 찍으니 정말 멋진 무늬가 완성되었네!

3 티셔츠, 무지개 등 밑그림을 그린 뒤, 아이가 만든 규칙에 따라 도장을 찍으며 그림을 채웁니다.

● 어떤 규칙으로 도장을 찍었는지 말해볼래?

● 세 가지 색이 반복되는 무지개를 만들고 싶었구나!

'빨강–초록'이나 '빨강–빨강–초록–초록'을 '빨–초', '빨–빨–초–초'로 줄여보고, '가–나', '가–가–나–나'로 표현하는 연습도 해보세요.

규칙성

★☆☆☆☆

쏙쏙 끼우며 놀아요!

빨대 목걸이 만들기

알록달록 **빨대**와 과자 등을 끼워 예쁜 목걸이 만들기 놀이를 해보세요. 빨대를 실에 끼우며 집중력과 소근육을 기르고, 다양한 색 조합으로 규칙을 만들며 수학적 사고력을 키울 수 있습니다.

놀이 효과　　규칙 만들기 / 추론능력 발달 / 수학적 의사소통능력 발달 / 사고력 발달 / 소근육 발달

 엄마 선생님 도움말

규칙을 찾고 만드는 것은 함수와 직접 연계되는 중요한 부분으로 거의 매 학년마다 만나게 됩니다. 규칙성 영역에 익숙해질 수 있도록 지금부터 패턴 놀이를 하거나 포장지, 의자 배열 등에서도 규칙을 함께 찾아보세요. 이런 수학적 활동이 쌓이면 논리력 및 추론능력 등 수학적 사고력이 잘 형성되어 수학의 모든 영역을 잘할 수 있게 됩니다.

사전 준비

1. 실에 끼울 수 있도록 구멍 있는 과자와 2~3가지 색 빨대를 준비해주세요.

준비물 가위, 빨대, 실, 과자

1 빨대를 후후 불고, 가위로 자르는 등 다양한 방법으로 탐색합니다.

● 가위로 빨대를 잘라볼까? 종이를 자를 때와 느낌이 다르네.

● 사랑이가 자른 빨대로 실에 끼워 목걸이를 만들어보면 어떨까?

2 어떤 규칙으로 목걸이를 만들고 싶은지 이야기하고, 그 규칙에 따라 빨대와 과자를 나열해봅니다.

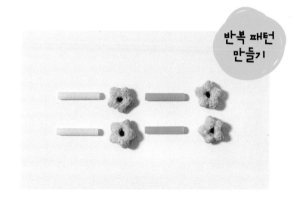

반복 패턴 만들기

● '노랑 빨대—과자—초록 빨대—과자'의 순서로 목걸이를 만들고 싶구나.

● 맨 끝에 있는 과자 다음에는 어떤 색 빨대가 와야 할까?

3 만들어놓은 규칙에 따라 빨대와 과자를 실에 끼워 목걸이를 만듭니다. 목걸이의 마지막에 오는 것은 처음 시작한 것과 만난다는 것을 생각해서 끼워야 함을 알려주세요.

● 아까 만든 순서대로 목걸이를 만들어보자. 노랑 빨대— 과자 다음에 뭐가 왔지?

● 이제 거의 다 끼웠구나. 처음에 노란색 빨대로 시작했으니까 마지막에는 어떤 것이 와야 할까?

털실 끝에 테이프를 감아주면 빨대를 끼우기 쉬워요.

빨대나 과자 등의 종류와 색깔을 늘려 더욱 다양하고 복잡한 규칙을 만드는 연습을 해보세요.

규칙성

★★☆☆☆

몸으로 만드는 규칙

도넛 모양 시리얼로 규칙을 만들고, 만든 규칙을 몸 또는 행동으로 표현하는 놀이를 해봅니다. 처음에는 조금 어려울 수 있지만, 몇 번 연습하면 아이가 정말 재미있어 한답니다. 아주 간단한 놀이이지만 규칙 찾기를 위해 필요한 인지능력 및 사고력을 길러주는 활동입니다.

놀이 효과   규칙을 말과 몸짓으로 표현하기 / 규칙 만들기 / 규칙 이해하기 / 사고력 발달 / 추론능력 발달 / 리듬감 발달

 엄마 선생님 도움말

규칙을 찾을 때 어디에서 마디가 끊어지는지 눈에 잘 들어오지 않아 어렵게 느껴질 때는 청각적 요소를 활용해보세요. 노래를 들으며 반복되는 부분 찾기, 리듬에 맞춰 손뼉치기, 동시 속 반복되는 말 따라 하기 등의 활동을 할 수 있습니다. 이렇게 공부한 내용을 말하고 몸으로 표현하는 것은 아이의 메타인지를 키워주고 학습 효율을 극대화할 수 있는 방법입니다.

사전 준비

1. 시리얼 또는 바둑알이나 2종류의 동전 등을 준비해주세요.

준비물 도넛 모양 시리얼(또는 바둑알, 동전 등), 접시

1 시리얼로 간단한 규칙을 스스로 만들거나, 엄마가 만든 규칙을 보고 다음에 올 시리얼 색상을 예측해봅니다.

- 사랑이가 시리얼로 규칙을 만들었구나. 빨강–노랑이 반복되네.

- 다음에는 어떤 색깔 시리얼이 와야 할까?

몸짓으로 바꿔야 하니 간단한 반복 규칙이 좋아요.

2 만들어놓은 규칙을 '쿵–짝–쿵–짝', '짝–쿵–쿵'과 같이 말로 바꾸어 말해봅니다.

규칙을 말로 표현하기

- 규칙을 말과 몸짓으로도 표현할 수 있단다. 더 쉽고 재미있을 거야.

- 빨강을 쿵, 노랑을 짝이라고 말해보자. 쿵–짝–쿵–짝….

3 규칙을 말로 표현하거나 손뼉을 치고 발을 구르는 등 몸짓으로도 함께 표현해봅니다. 처음에는 부모님이 방법을 알려주고 익숙해지면 아이 스스로 몸짓으로 표현하게 합니다.

규칙을 몸짓으로 표현하기

- 빨강 시리얼은 발을 '쿵' 굴려주고, 노랑 시리얼은 손뼉을 '짝' 하고 쳐보는 거야.

- 발 쿵, 손뼉 짝… 쿵, 짝, 쿵, 짝!

- 주황 시리얼은 팔을 벌리고, 초록 시리얼은 팔을 내리는 거로 표현했네!

 마라카스, 탬버린, 캐스터네츠 등의 악기를 가지고 패턴 놀이를 할 수도 있습니다.

오늘은 색종이로 놀자!

색종이 패턴 놀이 3

색종이 하나로도 다양한 패턴 놀이를 할 수 있어요. 색종이 고리를 이어 붙여 장식품이나 목걸이를 만들고, 종이접기를 해서 멋진 패턴 작품을 완성해보아요. 준비물도 간단하고 과정 자체도 재미있어서 집콕놀이로 안성맞춤이랍니다.

놀이 효과   규칙 만들기 / 규칙적인 무늬 만들기 / 도형의 회전 이해 / 사고의 유창성 발달 / 소근육 발달

 엄마 선생님 도움말

패턴을 직접 만들어보며 수학적 아름다움을 경험할 수 있는 활동입니다. 완벽한 결과물을 만들어내는 것보다 재료를 탐색하며 즐거움을 느끼도록 하는 것이 더 중요해요. 조금 부족한 부분이 있더라도 패턴을 만들기 위해 노력하는 아이의 행동 자체를 많이 격려해주세요. 일상생활에서 규칙을 발견하는 경험이 수학에 대한 흥미를 유발하고, 새로운 안목으로 주변을 관찰할 수 있게 해줍니다.

사전 준비

1. 여러 가지 색종이를 한 방향으로 길게 3번 접은 다음 8조각으로 나눠 잘라서 목걸이 고리를 만들 재료를 준비합니다.

준비물 색종이, 가위, 풀

1 길쭉하게 잘라놓은 색종이로 어떤 규칙이 반복되는 목걸이를 만들고 싶은지 이야기하고, 색종이를 풀로 이어 붙여 목걸이를 만듭니다.

● 파랑, 보라, 주황색 색종이가 있네. 어떤 순서로 목걸이를 만들고 싶니?

● 파란색과 보라색 고리가 반복되는구나!

반복 패턴 만들기

🖐 아이가 정확한 규칙에 맞게 만들지 못해도 즐겁게 활동하도록 도와주세요.

2 다른 색종이를 반으로 접고, 또 다른 방향으로 그 반을 접은 뒤 색종이 모서리의 일부를 가위로 여러 군데 자릅니다. 색종이를 펼친 뒤 어떤 모양이 반복되는지 이야기합니다.

● 우와, 멋진 무늬가 생겼네. 어떤 모양이 반복되는지 이야기해볼까?

● 같은 모양이 서로 마주 보고 있구나. 반으로 다시 접으면 겹쳐지네.

반복 패턴 찾기

3 색종이를 정사각형 4조각으로 잘라서 아이스크림 모양으로 접은 다음, 다른 색종이 위에 반복된 모양으로 붙여봅니다.

● 아이스크림 모양 색종이를 사랑이가 정한 순서대로 붙여보자.

● 색종이 조각을 오른쪽으로 돌려서 붙일 수도 있겠지?

패턴 만들기

 색종이를 등분하여 일정한 모양으로 자른 뒤, 다른 색종이 위에 모양 조각들을 붙이며 나만의 패턴을 만드는 활동도 해보세요.

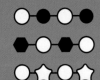

나만의 패턴으로 멋진 작품을!

종이 위빙 놀이

위빙은 실이나 천을 짜서 작품을 만드는 것을 말해요. 이번에는 색상지로 쉽고 간단한 위빙 체험을 해볼 거예요. 알록달록 색띠를 바탕지에 쏙쏙 끼우며 수학적 아름다움을 느낄 수 있는 즐겁고 유익한 시간을 함께해보세요.

놀이 효과　　위빙의 원리 이해 / 패턴 만들기 / 문제해결력 발달 / 수학의 유용성 알기 / 집중력 발달 / 소근육 발달

 엄마 선생님 도움말

위빙 작품을 만들며 수학이 일상생활 가까이 있다는 것을 인식할 수 있습니다. 위빙 작품을 만들 때는 아이가 원하는 대로 두 칸 혹은 세 칸마다 자유롭게 색띠를 끼우며 스스로 규칙을 만들 수 있게 해주세요. 작품을 다 만들고 난 뒤에는 색깔 및 배열에서 규칙성을 스스로 발견하게 하고, 잘 보이는 곳에 전시하여 수학적 아름다움을 감상할 수 있는 기회를 제공해주세요.

사전 준비

1. 바탕지가 되는 색상지를 반으로 접은 뒤 2cm 간격으로 잘라주세요. 이때, 종이를 끝까지 자르지 않고 위·아래에 여백을 남깁니다.

2. 바탕지와 다른 색깔의 종이를 2cm 간격으로 잘라 색띠를 만듭니다.

3. 배경지를 도형이나 동물 등 여러 가지 모양으로 준비하면 더 좋습니다.

준비물 다른 색 색상지 3장 이상, 가위

1 여러 가지 색상의 색띠를 보고 어떤 규칙으로 위빙 작품을 만들지 생각해봅니다.

💬 위빙은 가로 세로에 색띠를 번갈아 엮어서 멋진 패턴 작품을 만드는 활동이야.

💬 노란색과 초록색 띠를 번갈아 끼우고 싶구나.

2 생각한 규칙대로 바탕지에 색띠를 끼워 넣어 종이 위빙 작품을 만듭니다. 첫 번째 색띠는 홀수 칸, 두 번째 색띠는 짝수 칸…, 이렇게 반복해서 끼웁니다.

💬 색띠를 바탕지 첫 줄의 첫 번째 칸부터 시작해서 세 번째 칸, 다섯 번째 칸에 끼우면 된단다.

💬 둘째 줄의 두 번째 칸부터 시작했네. 다음엔 색띠를 몇 번째 칸에 끼우면 될까?

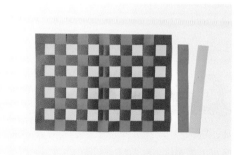

3 거북이, 바구니 등 다양한 모양의 바탕지를 만들어 종이 위빙 작품을 만들어보세요.

💬 거북이의 등 무늬를 멋지게 만들어줄까?

💬 색띠를 어떤 순서로 꾸미고 싶니?

 도화지에 붓으로 물감을 뿌려 패턴을 만든 뒤, 도화지를 잘라 색띠로 활용해보세요. 색다른 멋진 위빙 작품을 만들 수 있어요.

생각이 쑥쑥 자라는
무늬 만들기 놀이

색종이를 접어 숨은 도형을 찾고 패턴을 만드는 놀이를 해볼 거예요. 도형을 하나씩 찾아내고 자신만의 패턴을 만들며 즐거움과 성취감을 느낄 수 있어요. 간단한 놀이이지만 수학의 모든 영역에 기초가 되는 중요한 활동입니다.

놀이 효과 평면도형의 모양 이해 / 평면도형 그리기 / 평면도형의 대칭과 회전 알기 / 공간지각력 발달 / 사고의 유창성 발달

 엄마 선생님 도움말

패턴 탐구는 사칙연산, 도형의 변화, 함수 등 다양한 수학적 주제와 연결되기 때문에 아이의 발달 수준에 맞게 단계별로 패턴 놀이를 하는 것은 수학 학습에 있어 필수적입니다. 이번 놀이에서는 색종이를 접어서 만든 16개의 삼각형을 조합하여 패턴을 만듭니다. 처음부터 아이 스스로 패턴을 만드는 것이 쉽지 않으니 부모님이 먼저 삼각형을 조합하여 패턴을 만드는 예시를 보여주세요.

사전 준비

1. A4 용지를 사용할 경우 15X15cm의 정사각형으로 잘라 준비합니다.

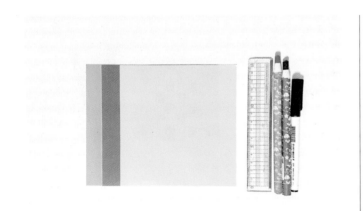

준비물 여러 색의 단면 색종이(또는 A4 용지), 자, 사인펜, 색연필, 가위

1 색종이를 네모 모양으로 2번 접고, 세모 모양으로 2번 접어 펼치면 세모 16개가 나옵니다. 엄마가 세모에 연필로 선을 그으면, 아이는 세모가 몇 개 있는지 세어봅니다.

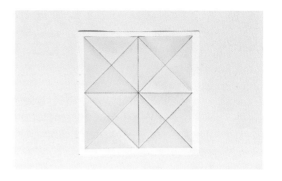

🗨 엄마가 종이를 4번 접었다가 펴볼게. 종이 안에 어떤 도형이 생길까?

🗨 작은 삼각형이 16개 생겼어.

2 종이 안에서 다양한 도형을 찾아 사인펜으로 표시하고, 각 도형을 서로 다른 색으로 칠해봅니다. 직각삼각형, 정사각형, 직사각형, 평행사변형, 사다리꼴 등을 찾을 수 있습니다.

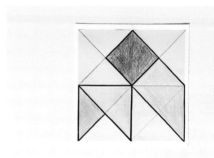

🗨 커다란 세모와 작은 세모를 찾았구나!

🗨 네 변의 길이가 같은 사각형이 있네!

3 1번의 색종이를 작은 삼각형 16조각으로 자른 다음, 다른 색종이 위에 붙여 다양한 무늬를 만들어보고, 만든 무늬에 있는 규칙에 관해 이야기합니다.

도형으로 패턴 만들기

🗨 반으로 접었을 때 무늬가 서로 겹쳐지겠구나!

🗨 세모를 반 바퀴씩 돌리니 멋진 바람개비 무늬가 완성됐네!

색연필로 ①번의 색종이 위에 색칠하여 다양한 무늬를 만들고, 스스로 규칙을 찾는 연습을 해보세요.

규칙성

★★☆☆☆

쌓고 녹이며 재미있게
각설탕 쌓기

상자 모양 각설탕은 패턴 놀이를 하기에 딱 좋은 재료예요. 알록달록 색칠한 뒤 반복하는 패턴을 만들 수 있으며 위와 옆으로 쌓으며 증가하는 패턴을 만들 수도 있어요. 활동 후에는 각설탕을 미지근한 물에 녹이며 즐거운 촉감 놀이도 함께해보세요.

놀이 효과   입체도형으로 규칙 만들기 / 규칙 이해 / 추론능력 발달 / 공간감각 발달 / 창의력 발달 / 소근육 발달

 엄마 선생님 도움말

패턴의 생성 방식에 따라 'ABAB…'와 같은 반복 패턴, '▷◁ ▷◁…'와 같은 대칭 패턴, 기본 단위가 증가하는 증가 패턴 등이 있습니다. 패턴 이론을 아이들에게 가르치는 것보다 위의 패턴을 하나씩 직접 만들어보고, 자신의 아이디어를 설명하는 활동이 더욱 효과적입니다. 처음에는 배열을 보고 규칙을 찾아본 다음, 규칙의 변화를 계속해서 확장하며 놀이할 수 있게 해주세요.

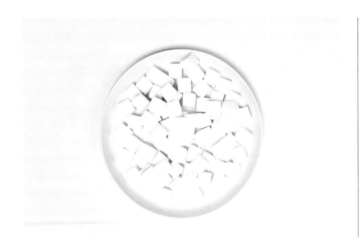

준비물 각설탕, 접시

사전 준비

1. 각설탕을 접시에 담아 준비합니다. 포장된 각설탕의 경우 미리 포장을 벗겨주세요.

2. 각설탕 대신 당근이나 무를 깍둑썰기 해서 사용할 수 있습니다.

1 각설탕을 자세히 관찰하고 맛을 보는 등 다양한 방법으로 탐색하고, 각설탕을 쌓아 다양한 모양을 만들어봅니다.

● 가까이에서 들여다보고 혀로 맛을 보렴.

● 이글루 모양을 만들었구나! 정말 멋진데?

⭐ 재료를 탐색할 때 함부로 입에 넣거나 가까이에서 냄새를 맡아서는 안 된다는 것을 알려주세요.

2 각설탕의 개수를 늘려가며 위로 쌓아서 규칙을 만들어보고, 마지막으로 각설탕을 위와 옆으로 쌓으며 규칙을 만듭니다.

● 옆으로 한 개씩 많아지는구나.

● 각설탕이 위와 옆으로 하나씩 늘어나네. 네 번째에 오는 모양은 첫 번째보다 각설탕 몇 개가 더 많을까?

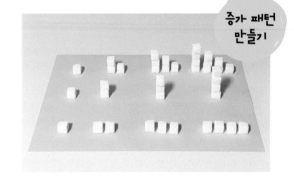

증가 패턴 만들기

3 엄마가 쌓은 각설탕을 보고, 다음에 올 모양을 생각해서 만들어봅니다.

● 첫 번째는 설탕 1개로 1층, 두 번째는 2개씩 2층, 세 번째는 3개씩 3층이야. 네 번째는 어떻게 쌓아야 할까?

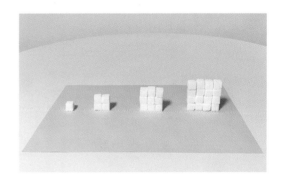

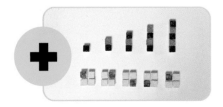

각설탕을 다양한 색으로 칠하고, 색깔과 모양을 생각하며 규칙을 만들어보세요.

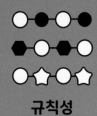

요리조리 빙글빙글

젤리 패턴 놀이

아이들이 좋아하는 젤리로 모양이 늘어나고 움직이는 규칙을 만들어볼 거예요. 앞에서 만든 패턴에 비해 조금 발전된 패턴이기에 시간은 좀 더 걸릴 수 있지만, 맛있는 젤리로 차근차근 함께하면 충분히 해낼 수 있답니다.

놀이 효과   규칙 만들기 / 모양이 커지는 규칙 이해 / 모양이 움직이는 규칙 이해 / 추론능력 발달 / 공간지각력 발달

 엄마 선생님 도움말

처음부터 아이가 모양이 늘어나거나 움직이는 패턴을 만들기 쉽지 않으므로 부모님이 만든 패턴을 보고 규칙을 찾아본 뒤 스스로 만들 수 있도록 하면 좋습니다. 기본 패턴에 비해 조금 복잡하게 느껴질 수 있지만, 조금씩 난도를 높여 연습하면 공간지각력과 문제해결력이 자라 다양한 규칙을 만드는 활동을 잘할 수 있게 됩니다.

사전 준비

1. 두 가지 모양이나 색상의 젤리를 준비해주세요. 젤리가 없다면 바둑알이나 두 가지 색 시리얼 등을 준비해주세요.

2. 작은 종이를 여러 장 준비하거나 큰 종이를 잘라서 준비하면 좋습니다.

준비물   젤리(또는 바둑알, 시리얼), 종이, 색연필

1 젤리로 모양이 점점 커지는 규칙을 만들어 모양과 개수의 변화를 찾고, 다음 자리에 올 모양을 생각해 봅니다.

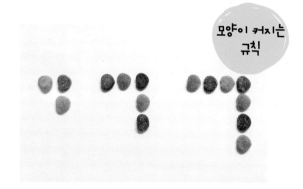

- 세 번째 모양은 첫 번째 모양에 비해 옆과 아래에 젤리가 몇 개씩 늘어났을까?

- 그럼 다섯 번째 모양은 어떻게 생겼을지 생각하고 젤리로 직접 만들어보자.

2 젤리로 모양이 회전하는 규칙을 만들어 관찰하고, 다음 자리에 올 모양을 생각해봅니다.

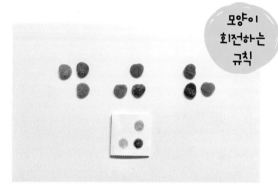

- 젤리가 빙글빙글 돌아가고 있는 것 같네.

- 첫 번째 모양을 반 바퀴 돌리면 몇 번째 모양과 같아질까?

🌑 눈으로만 보고 생각하는 것을 어려워하면 첫 번째 모양을 종이에 그려서 직접 종이를 돌려봅니다.

3 아이 스스로 모양이 커지거나 회전하는 규칙을 만들어봅니다.

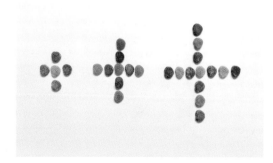

- 위 옆 아래에 분홍색 젤리와 검은색 젤리가 반복하여 젤리가 하나씩 늘어나는 규칙을 만들었구나!(십자가 모양)

여러 색상의 젤리로 'A-B-A-B', 'A-A-B-B' 등의 패턴을 만들고, 자동차, 꽃 등 다양한 모양을 함께 만들어보세요.

종이를 펼치면 나타나는 마법!

색종이 구멍 뚫기

색종이를 펀치로 팡팡 뚫으며 규칙 찾기 놀이를 해봅니다. 색종이를 접는 방식에 따라 다른 규칙을 만들 수 있으니 놀이 방법이 무궁무진하게 많답니다. 활동 후에는 펀치로 색종이를 뚫어 생긴 동그라미 조각들을 후후 불며 놀아보세요. 아이들이 정말 즐거워하겠죠?

놀이 효과　규칙 이해 / 덧셈과 곱셈의 원리 이해 / 추론능력 발달 / 공간감각 발달 / 집중력 발달 / 소근육 발달

 엄마 선생님 도움말

색종이를 반으로 접은 상태에서 구멍을 1개 뚫으면 펼쳤을 때 2개, 2개 뚫으면 4개 등으로 수가 일정한 규칙을 가지고 늘어난다는 것을 알게 됩니다. 이를 통해 하나의 양이 변할 때 다른 양이 변한다는 것을 파악하고 그 변화의 규칙을 알 수 있어서 함수를 공부하는 기초가 됩니다. 놀이할 때는 수가 늘어나는 것을 계산하기보다는 색종이를 뚫은 뒤 펼쳐서 변화를 관찰하는 활동을 여러 번 하며 자연스럽게 규칙을 터득할 수 있도록 해주세요.

사전 준비

1. 펀치는 한 번에 구멍 하나만 뚫리는 것으로 준비하세요.
2. 활동 후에는 색종이 조각을 가지고 놀 수 있도록 모아 놓을 그릇을 따로 준비해요.

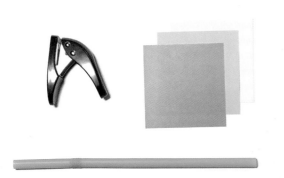

준비물 색종이, 타공 펀치, 빨대(또는 휴지심), 그릇

1 색종이를 반으로 접어 1개, 2개, 3개씩 구멍의 수를 늘려가며 뚫고, 종이를 펼치면 몇 개의 구멍이 있을지 예상합니다.

🔵 종이를 펼치면 신기한 일이 일어난단다. 한 번 뚫으면 구멍이 2개, 두 번 뚫으면 구멍이 4개가 되네.

🔵 다섯 번 뚫으면 펼쳤을 때 구멍이 몇 개 있을까?

> 수가 늘어나는 규칙

⭐ 펀치로 종이 외의 물건을 뚫지 않도록 지도해주세요.

2 색종이를 세모, 대문 모양 등으로 접어서 여기저기 구멍을 뚫습니다.

🔵 색종이를 세모 모양으로 접어서 뾰족한 세 귀퉁이에 구멍을 하나씩 뚫어보자.

🔵 대문 모양으로 접은 색종이에는 어디에 구멍을 뚫을까?

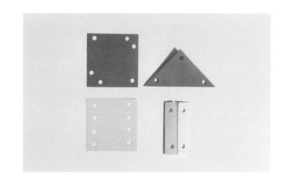

3 ②번 색종이에 구멍이 어디에 있을지 예상하여 접지 않은 색종이에 뚫어본 다음, 색종이를 펼쳐서 두 색종이의 구멍 위치를 비교해봅니다.

🔵 어디에 구멍이 생길지 생각해서 다른 색종이에 구멍을 뚫어보렴.

🔵 이제 아까 뚫은 색종이를 펼쳐서 같은지 다른지 확인해보자.

➕ 종이컵 하단과 풍선 상단을 잘라 서로 끼우고, 종이컵에 동그라미 조각들을 담아 폭죽놀이를 해보세요.

자료와 가능성

자료와 가능성 영역에서는 다양한 자료를 분류하여 정리하고, 그것을 통해 미래를 예측하는 활동을 해요. 수학에서 큰 비중을 차지하는 확률과 연계된 과정으로, 각 개념을 정확히 파악하고 이와 관련한 활동을 직접 해보며 기초를 튼튼하게 쌓는 거지요. 분류하기에서 가장 중요한 것이 무엇인지, 표와 그래프를 그릴 때 실수하지 않는 방법, 가능성 영역의 문제 상황에 적합한 문제 해결 방법 등이 각 놀이 안에 포함되어 있으므로 하나씩 활동하다 보면 자료와 가능성에 대한 개념과 역량을 갖추게 될 거예요.

 ## 학교에서는 자료와 가능성 영역에서 어떤 내용을 공부할까요?

- 분류하기 : 사물을 기준에 따라 분류하여 개수를 세어보고, 기준에 따른 결과를 말하는 활동을 해요.
- 표 만들기 : 분류한 자료를 표로 나타내고, 표로 나타내면 편리한 점에 대해 공부해요.
- 그래프 그리기 : 분류한 자료를 그래프로 나타내고, 그래프를 해석하는 방법을 알아요.

영역	핵심 개념	학년(군)별 내용 요소		
		1~2학년	3~4학년	5~6학년
자료와 가능성	자료처리	• 분류하기 • 표 • ○, X를 이용한 그래프	• 간단한 그림그래프 • 막대그래프 • 꺾은선그래프	• 평균 • 그림그래프 • 띠그래프, 원그래프
	가능성			• 가능성

기준을 세워 분류할 수 있어요

자료와 가능성 영역에서 가장 기본이 되는 학습 주제로, 기준을 세워 분류하고 해석할 수 있어야 해요. 분류 기준을 세울 때는 추상적이지 않고 분명한 기준으로 세울 수 있도록 지도해주시고, 분류한 뒤에는 그 결과를 보고 수를 세어 자신만의 언어로 해석할 수 있게 해주세요.

분류의 순서 알아보기

단계	예시	이렇게 이야기해주세요
분류의 필요성 느끼기		"사각형이 몇 개 있을까?" "도형이 섞여 있으니 개수를 세기 어렵네."
분류 기준 세우기	모양, 색깔	"분류 기준은 여러 가지가 될 수 있어." "예쁜 것과 예쁘지 않은 것은 분명한 분류 기준이 될 수 없단다."
기준에 따라 분류하기		"정한 기준에 따라 정리를 해보자." "모양에 따라 정리해볼까?"
분류한 결과를 보고 수 세기	원(3개), 사각형(4개), 삼각형(4개)	"원과 사각형, 삼각형은 각각 몇 개일까?"
분류한 결과 말하기	해석하기, 장점 말하기	"기준에 따라 분류하면 어떤 점이 좋을까?"

 헷갈리는 개념 잡기! 분명한 분류기준과 애매한 분류기준, 무엇이 다를까요?

분명한 것 :	애매한 것 :
모양, 색깔, 크기 등	비싼 것과 비싸지 않은 것

▶분명한 기준에 따라 분류하면 사람이 달라져도 결과가 같지만, 애매한 분류기준에 따라 분류하면 사람에 따라 결과가 달라져요.

자료를 보고 표와 그래프로 나타내요

표와 그래프를 처음 공부할 때는 주변에 있는 스티커, 붙임딱지 같은 구체물을 활용해야 쉽게 이해할 수 있어요. 특히 그래프를 그릴 때는 처음부터 간략한 모양의 그래프를 그리는 게 쉽지 않으므로, 다음과 같이 동물카드로 그래프를 표현한 다음 점점 기호화된 그래프 형태로 발전시켜 나가는 것이 좋아요.

자료를 조사하여 표와 그래프로 나타내기

단계	예시	이렇게 이야기해주세요
자료 조사하기	은수 : 양, 세원 : 말, 수현 : 말, 소민 : 양, 이슬 : 말, 수정 : 양, 이준 : 토끼, 슬기 : 토끼, 가인 : 양	"친구들이 어떤 동물을 좋아하는지 쉽게 알아보지 못하겠네."
표 만들기	<table><tr><td>동물</td><td>양</td><td>토끼</td><td>말</td><td>합계</td></tr><tr><td>수</td><td>4</td><td>2</td><td>3</td><td>9</td></tr></table>	"먼저 주제를 표 안에 적어보렴." "자료가 중복되거나 빠지지 않도록 여러 번 세어봐야 해."
그래프 만들기		"그래프에서 알 수 있는 점은 무엇일까?" "친구들이 어떤 동물을 가장 좋아하지?"

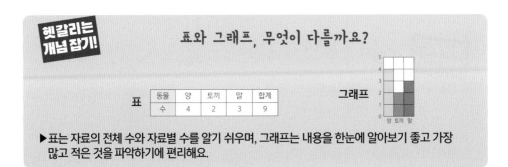

헷갈리는 개념 잡기!

표와 그래프, 무엇이 다를까요?

표	동물	양	토끼	말	합계
수		4	2	3	9

그래프

▶표는 자료의 전체 수와 자료별 수를 알기 쉬우며, 그래프는 내용을 한눈에 알아보기 좋고 가장 많고 적은 것을 파악하기에 편리해요.

일이 일어날 가능성을 표현할 수 있어요

자료를 수집하고 표와 그래프에 정리한 뒤에는 통계적 수치를 바탕으로 가능성을 파악하여 다양한 문제를 해결할 수 있어야 해요. 이번 장에서는 아이들에게 친근한 상황 속에서 일이 일어날 가능성을 말과 수로 표현하고 비교하는 연습을 할 거예요. 이때 일이 일어날 가능성을 말로 표현하는 것이 중요하므로 '~아닐 것 같다', '반반이다', '~일 것 같다' 등으로 말하는 연습을 함께해보세요.

일이 일어날 가능성 표현하기

종류	이렇게 이야기해주세요
일이 일어날 가능성을 말로 표현하기	"동전을 던지면 그림면이 나올까?" (확실하다, 반반이다, 불가능하다) "그림면이 나올 가능성은 반반이구나."
일이 일어날 가능성을 수로 표현하기	"검은색 바둑돌만 들어있는 통에서 바둑돌 하나를 꺼낼 때, 검은색이 나올 가능성을 수로 표현하면 1이야." "흰색 바둑돌만 들어있는 통에서 검은색 바둑돌이 나올 가능성을 수로 표현하면 0이야."

일이 일어날 가능성 비교하기

조건	엄마의 말
	"화살이 어느 색에 멈출 가능성이 가장 클까?" "초록색과 파란색 중 어느 색에 멈출 가능성이 클까?"

헷갈리는 개념 잡기!

가능성과 확률, 무엇이 다를까요?

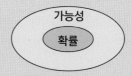

▶ 가능성은 앞으로 이루어질 수 있는 정도를 말하고, 확률은 그 가능성을 수로 나타낸 거예요.

자료와 가능성
★☆☆☆☆

종류별로 차곡차곡

냉장고 정리 놀이

현관문에 붙어 있는 마트 전단지를 모아서 냉장고 정리 놀이를 해보세요. 전단지 속 물품을 냉장고에 차곡차곡 정리하면서 기준을 세워 분류하고 자료를 정리하는 능력을 기를 수 있어요. 놀이 후에는 실제로 장을 보고 사 온 것들을 냉장고에 함께 정리하는 시간도 가져보세요.

놀이 효과   분류 기준 세우기 / 속성에 따라 분류하기 / 자료 정리하기 / 수학적 의사소통능력 발달

 엄마 선생님 도움말

표와 그래프를 공부하기 전에 기준을 세워 분류하는 능력이 꼭 필요합니다. 냉장고에 물품을 배치하기 전에 스스로 분류 기준을 세우고, 냉장고 칸을 보며 어떻게 정리하고 싶은지 이야기를 나눠보세요. 정답은 없으니 분류 결과보다는 스스로 기준을 세워 분류하고 자신의 아이디어를 표현하는 과정에 초점을 맞춰주세요.

사전 준비

1. 도화지에 냉장실과 냉동실로 나눠진 냉장고를 그립니다. 냉장실과 냉동실도 각각 여러 칸으로 나눠주세요(실제 냉장고와 똑같지 않아도 괜찮습니다).

2. 전단지를 여러 장 모아서 준비해주세요.

준비물 마트 전단지, 도화지, 가위, 풀

1 전단지를 보며 어떤 물건을 사서 냉장고에 넣고 싶은
지 골라서 가위로 오립니다.

💬 과일 중에서는 어떤 것들을 사고 싶니?

💬 요구르트와 치즈를 사고 싶구나. 둘 다 냉장고
에 넣으면 되겠네!

분류 기준
세우기

2 자른 물건들을 보고 스스로 기준을 세워 비슷한 물건
끼리 분류하고 모아요.

💬 사랑이는 어떤 물건끼리 모아서 정리를
하고 싶니?

💬 사과랑 배는 과일이니까 함께 모았구나.
또 같이 모아두고 싶은 게 있니?

분류하기

3 모은 것들을 냉장고의 어떤 칸에 어떻게 넣을지 이야
기하고, 냉장고에 풀로 붙여 정리합니다.

💬 어떤 물건을 냉동실에 넣으면 좋을까?

💬 냉장고 속 물건을 비슷한 음식끼리 모아서
잘 정리해두면 어떤 점이 좋을까?

 전단지의 물건을 가게별로 분류하여 시장놀이도 해보세요. 동전, 가격표 등을 준비하여
놀이하면 자연스럽게 연산을 연습할 수 있어요.

나는야 척척 정리 박사!

책 정리 놀이

자신이 세운 기준에 따라 책을 분류하는 활동을 해볼 거예요. 이렇게 책을 분류하여 정리하는 활동을 하면 분석력과 자료정리능력을 기를 수 있으며, 정리의 필요성을 깨닫고 옷이나 장난감 등 다른 사물을 정리할 때도 더욱 적극적으로 참여하게 될 거예요.

놀이 효과 분류의 필요성 알기 / 분류 기준 세우기 / 속성에 따라 분류하기 / 자료정리능력 발달 / 비교·분석력 발달

 엄마 선생님 도움말

자료를 조직하고 분석하는 데 있어서 사물을 분류하는 것은 가장 기본적인 단계이자 필수 과정입니다. 아이들은 일상생활에서 분류를 경험하며 분류의 편리성을 깨닫게 되고, '책 정리를 잘 해둬야 책을 고르기 편하구나!', '분리수거를 잘해야 환경이 깨끗해지는구나.' 등과 같이 분류에 대한 동기가 생깁니다. 활동 전후에 책을 종류별로 분류하여 정리하는 것의 필요성과 편리함에 대해 질문하고, 함께 이야기해보세요.

사전 준비

1. 다양한 색과 크기의 책을 준비해주세요. 주제나 등장인물 등 내용도 다양하면 좋습니다.

2. 아이 혼자 사용하는 책장이 있으면 좋지만, 아니라면 아이만 사용하는 칸을 몇 개 정해놓거나 북앤드 등을 이용해 칸을 나눠주세요.

준비물 책, 색깔 스티커, 바구니(또는 상자), 책장

1 책장에 어떤 종류의 책들이 있는지 살펴보고, 어떤 기준에 따라 책을 분류하고 싶은지 이야기해봅니다.

분류 기준 세우기

- 표지 색깔이 같은 책끼리 모아서 정리할 수 있겠네. 또 어떻게 모아서 정리하면 좋을까?

- 동물이 주인공으로 나오는 책끼리 모아서 정리할 수도 있겠구나!

2 만든 기준에 따라 책을 분류하고, 같은 기준에 해당하는 책에 같은 색깔 스티커를 붙입니다.

분류하기

- 아주 작은 크기 책, 작은 책, 중간 크기 책, 큰 책으로 분류했구나.

- 작은 책에는 분홍 스티커를 붙여보자. 큰 책에는 어떤 색 스티커를 붙여볼까?

🔵 구분하기 쉽도록 바구니나 상자를 이용하면 좋습니다.

3 책장 칸마다 색깔 스티커를 붙이고, 같은 색깔 스티커가 붙어 있는 책을 찾아 책장에 정리합니다.

분류의 필요성 알기

- 같은 종류의 책끼리 모아서 정리하니 어떤 점이 좋은 것 같아?

- 평소에도 책을 읽고 난 뒤에는 스티커를 보고 잘 정리해두면 좋겠구나!

 장난감, 옷 등 다양한 사물을 가지고 기준을 세워 분류 활동을 해보세요.

어디 어디에 찍을까?

좌표 그림 그리기

좌표 찾는 연습을 그림 그리기 놀이로 변형해서 활동할 거예요. 좌표를 따라 한 칸씩 점을 찍다 보면 어느새 예쁜 꽃과 귀여운 고양이가 나타난답니다. 자연스럽게 좌표의 원리를 이해할 수 있고, 차분함과 인내심까지 기를 수 있는 놀이입니다.

놀이 효과   좌표 찾기 / 행렬 개념 이해 / 공간감각 발달 / 관찰력 발달 / 인내심 형성

 엄마 선생님 도움말

좌표란 점의 위치를 나타내는 수의 짝을 말하며, 가로와 세로가 만나는 지점에 점을 찍어서 표현합니다. 좌표의 위치를 찾아 색칠하다보면 좌표의 원리를 자연스럽게 이해하게 되며, 초등학교 4학년 과정의 막대그래프 및 꺾은선 그래프를 공부할 때도 도움이 됩니다. 바둑판이나 모눈종이 또는 영화관이나 버스 좌석 등에서도 좌표 찾기 연습을 해볼 수 있으니 일상생활에서도 꾸준히 연습해보세요.

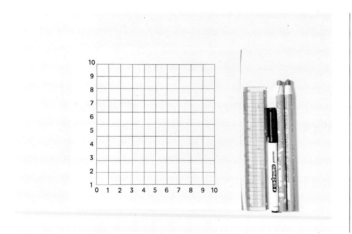

사전 준비

1. 모눈종이나 종이에 10칸×10칸을 그린 뒤 두 개의 축 위에 '0~10'을 써서 여러 장 준비합니다.
2. 미리 그림을 그릴 수 있는 좌표를 여러 종류 생각해두세요.

준비물 종이(또는 모눈종이), 색연필(여러 색 펜), 네임펜, 자

1 두 개의 축 위에 써진 숫자를 읽고, 엄마가 한 점을 찍으면 아이는 점의 자리를 찾아봅니다.

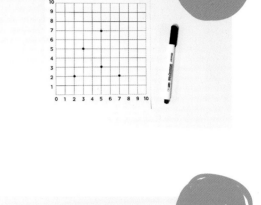
좌표 찾기

● 어떤 칸에 어떤 점을 찍어야 하는지 정확하게 알기 위해서 점의 자리가 필요해.

● 0부터 시작해서 옆으로 두 칸을 가고, 위로 두 칸을 가면 (2,2)라고 해.

● (3,5)는 0에서 옆으로 몇 칸, 위로 몇 칸을 가면 될까?

2 엄마가 좌표를 불러주면 아이는 모눈종이 위에 점을 찍습니다. 아래 예시처럼 섬을 찍고 섬과 점을 선으로 이으면 고양이 얼굴을 그릴 수 있습니다.

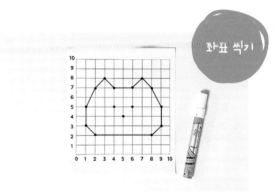
좌표 씩기

얼굴 : (1,3), (1,5), (2,2), (2,7), (3,8), (4,7), (6,7), (7,8), (8,2), (8,7), (9,3), (9,5)

눈, 코 : (4,5), (5,4), (6,5)

● 고양이 얼굴

3 다른 그림들도 생각해서 좌표를 알려주고 그림을 그려봅니다.

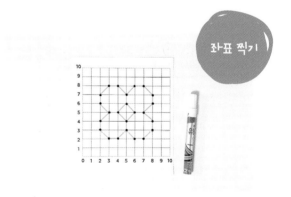
좌표 찍기

꽃잎 : (2,3), (2,4), (2,6), (2,7), (3,2), (3,5), (3,8), (4,2), (4,8), (5,3), (5,7), (6,2), (6,8), (7,2), (7,5), (7,8), (8,3), (8,4), (8,6), (8,7)

수술 : (4,5), (5,4), (5,6), (6,5)

● 꽃

이 활동 순서와 반대로 모눈종이에 점을 찍어 그림을 그린 뒤, 좌표를 찾아보는 활동도 해보세요.

모양 찾기 미션!

병뚜껑 매트릭스

이번에는 병뚜껑에 그림을 그리고 알록달록 색칠한 다음, 색과 모양 등의 기준에 따라 분류하는 능력을 기를 수 있는 매트릭스 놀이를 해볼 거예요. 놀이를 다 한 뒤에는 학용품, 장난감 등으로 또 다른 매트릭스 놀이를 해보세요.

놀이 효과 속성에 따라 분류하기 / 좌표 말하기 / 비교·분석력 발달 / 관찰력 발달

 엄마 선생님 도움말

매트릭스는 수학에서 행렬을 말하며, 가로와 세로가 만나는 곳에 두 속성을 모두 반영하는 것을 찾는 복합 분류 활동입니다. 가로와 세로의 기준이 다르기 때문에 한 기준을 충족하는 사물을 찾고, 그 사물 중에서 두 번째 기준에 해당하는 것을 찾으면 쉽게 해결할 수 있습니다. 가로와 세로의 순서는 정해진 것이 없으니 아이가 원하는 속성을 자유롭게 선택해서 해결하게 해주세요.

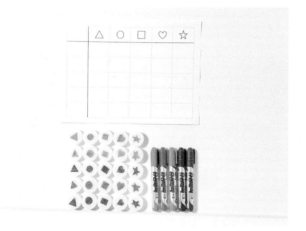

사전 준비

1. 종이에 6칸×6칸을 그린 뒤, 가로축에는 모양을, 세로축에는 매직펜으로 색상을 표시해주세요.

2. 병뚜껑 위에 5가지 무늬를 5가지 색으로 그립니다.

준비물 종이(또는 모눈종이), 병뚜껑 25개, 5가지 색의 매직펜

1 병뚜껑 위의 모양을 보고 같은 색상끼리도 모아보고, 같은 모양끼리도 모아봅니다.

- 병뚜껑 위에 어떤 모양들이 있지? 같은 모양끼리 모아볼까?

- 병뚜껑의 색깔과 모양에 따라 나눈 것을 한눈에 들어오도록 만드는 방법이 또 있단다.

2 병뚜껑을 매트릭스 표 안에 색과 모양을 따라 분류 합니다. 표의 가로를 보며 같은 모양을 찾은 다음, 그 중에서 세로에서 말하는 색깔을 가진 병뚜껑을 찾아봅니다.

복합 분류하기

- 이 색깔과 모양을 가진 병뚜껑을 찾아보렴.

- 하트 모양 빨간색 병뚜껑을 찾아볼까?

3 매트릭스 표 안의 병뚜껑 위치를 서수를 포함한 문장 으로 말해봅니다.

좌표 말하기

- 네모 모양 초록색 병뚜껑은 두 번째 줄 세 번째 칸에 있네.

- 세모 모양 보라색 병뚜껑은 몇 번째 줄 몇 번째 칸에 있을까?

어떤 모양과 어떤 색 물건을 집안에서 직접 찾는 매트릭스 놀이도 해보세요.
예를 들어 파란색이면서 네모 모양인 물건(블록, 책 등), 빨간색이면서 동그라미 모양(과일, 뚜껑 등)인 물건 등을 찾는 것입니다.

자료와 가능성

★★★☆☆

어떤 맛, 어떤 토핑?
아이스크림 가게 놀이

아이들이 좋아하는 아이스크림으로 자료를 분류하고 정리하여 분석하는 능력을 길러보아요. 먹음직스러워 보이는 아이스크림을 잘라서 메뉴판 모양의 매트릭스 표에 정리하고, 다양한 맛과 토핑의 아이스크림을 주문하고 받는 놀이를 해봅니다.

놀이 효과　　속성에 따라 분류하기 / 분류한 결과 말하기 / 비교·분석력 발달 / 관찰력 발달

 엄마 선생님 도움말

표와 그래프 관련 단원을 공부할 때는 수집한 정보와 자료를 분류하고 정리 및 분석하는 능력이 기본적으로 필요합니다. 하지만 아이들 중에서 종종 자료를 정리하는 것을 힘들어하거나 그래프로 자료의 양을 정확하게 나타내는 것을 어려워하는 경우가 있습니다. 이런 놀이를 통해 자연스럽게 자료를 정리하고, 자료를 해석하고 표현하는 능력을 기를 수 있습니다.

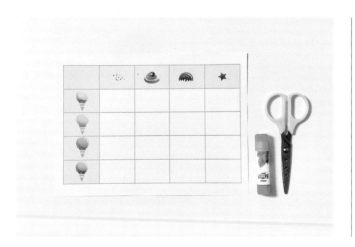

사전 준비

1. 종이에 5칸X5칸을 그린 뒤, 가로축에는 아이스크림 토핑을, 세로축에는 아이스크림 맛(색)을 그려서 메뉴판을 만들어주세요.

2. 맛과 토핑에 따라 칸은 자유롭게 조절해주세요.

준비물 종이, 가위, 풀

1 아이스크림 메뉴판을 보고 어떤 종류의 맛과 토핑이 있는지 살펴봅니다.

🔴 몇 가지 아이스크림과 토핑이 있지?

🔴 네 가지 맛 아이스크림에 네 가지 토핑을 골라 올릴 수 있구나.

2 아이스크림의 맛과 토핑을 살펴본 다음, 아이스크림 메뉴판의 가로세로 특징에 맞게 올려봅니다.

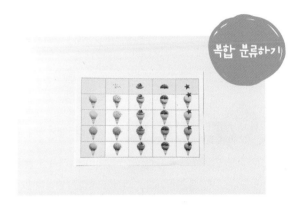

복합 분류하기

🔴 두 번째 줄 세 번째 칸에는 초코크림 토핑의 레몬맛 아이스크림을 올려야겠구나.

🔴 네 번째 줄 두 번째 칸에는 어떤 아이스크림을 올려야 할까?

🔴 초코크림 올린 민트맛 아이스크림은 몇 째 줄 몇 번째 칸에 있을까?

3 분류한 아이스크림 메뉴판을 활용해서 주문을 하고 받으며, 즐겁게 가게 놀이를 해보세요.

자료 해석하고 표현하기

🔴 딸기맛 아이스크림에 초코별을 올려주세요.

🔴 네 번째 줄 두 번째 칸에 있는 아이스크림은 무슨 맛에 무슨 토핑인가요?

 냉장고 속 아이스크림을 꺼내어 매트릭스 표의 어느 줄의 어느 칸에 해당하는지도 함께 찾아보세요.

어떤 동물이 가장 많을까?
과자 그래프 만들기

동물 과자를 보며 같은 동물끼리 분류하고, 그래프를 만들어 어떤 동물이 가장 많고 적은지 비교하는 활동을 해볼 거예요. 그래프를 알아보고, 간식 시간도 가질 수 있는 즐겁고 유익한 활동이랍니다.

놀이 효과   속성에 따라 분류하기 / 자료 정리하기 / 그래프 만들기 / 그래프의 장점 알기 / 비교·분석력 발달 / 정보처리능력 발달

 엄마 선생님 도움말

그래프를 도입할 때는 구체물을 나열하여 그래프를 만들고, 점차 기호화하는 방식으로 바꿔나가는 것이 좋습니다. 이번 놀이에서는 가장 쉬운 방법으로 과자를 직접 나열하여 그래프를 만들어볼 것입니다. 과자를 분류하기 전에 그래프 틀을 보며 어떤 동물들이 있는지 하나씩 확인해보고, 어느 칸에 어떤 동물 과자를 놓으면 되는지 설명해주세요.

사전 준비

1. 도화지에 가로 7칸×세로 15칸을 그려줍니다. 세로축에는 1~15 숫자를 쓰고 가로축에는 과자에 있는 동물을 그려주세요.

2. 여러 가지 동물 모양의 작은 과자를 준비합니다. 동물이 5~6종류면 좋습니다.

준비물 동물 모양 과자, 종이, 자, 펜, 필기구

1 과자를 보며 어떤 동물 모양이 있는지 이야기하고, 같은 동물끼리 모아봅니다.

💬 고래, 문어가 있네. 또 어떤 동물이 있지?

💬 거북이는 몇 마리가 있지? 각 동물의 수를 하나씩 세지 않고 바로 알 수는 없을까?

2 여러 동물 모양 과자를 그래프의 한 칸에 하나씩 직접 올려놓으며 분류합니다.

💬 상어 그림 위쪽 칸에는 상어를 하나씩 놓으면 된단다.

💬 이렇게 만드니까 동물의 수를 하나씩 세지 않아도 쉽게 알 수 있구나!

그래프 만들기

⭐ 비슷한 동물이 많으므로 잘못 분류한 것은 없는지 다시 한번 확인해보세요.

3 그래프를 보며 어떤 동물의 수가 많고 적은지, 어떤 동물이 다른 동물보다 얼마만큼 수가 많은지 등에 대해 이야기합니다.

💬 어떤 동물의 수가 가장 많지?

💬 고래는 문어보다 몇 마리 많을까?

그래프 해석하기

⭐ 여러 가지 비교 기준을 제시하며 다양한 해석을 할 수 있도록 도와주세요.

 젤리나 시리얼을 색깔 또는 모양별로 분류하여 그래프로 나타내는 활동으로 대체할 수 있습니다. 그래프를 그리거나 만든 뒤에는 그래프의 가로와 세로를 바꾸어 다른 형태로 그리는 활동도 해봅니다.

오늘은 흐림, 내일은 맑음

날씨 그래프 만들기

아이와 함께 매일 아침 날씨를 확인해보세요. 비가 오는 날에는 우산을 챙기고, 맑은 날에는 바깥 놀이 계획을 세우는 등 하루 일과에 대해 아이가 스스로 생각할 수 있는 기회가 됩니다. 또 매일의 날씨를 표에 기록하며 자료를 정리하는 능력과 꾸준함을 기를 수 있습니다.

놀이 효과   자료 정리하기 / 표와 그래프 이해 / 분류하기 / 자료 해석하기 / 그래프의 장점 알기 / 관찰력 발달

 엄마 선생님 도움말

표는 자료의 전체 수를 알아보기 쉽고 자료별 수를 알기 쉬운 장점이 있으며, 그래프는 조사하고자 하는 내용을 한눈에 알아보기 좋고 가장 많고 적은 것을 파악하기에 편리합니다. 날씨 표를 만든 후 아이에게 아침마다 날씨를 일정한 시간에 확인하여 스티커를 붙이게 하세요. 표와 그래프를 완성한 뒤에는 알게 된 점을 이야기하고 항목의 수를 비교하는 등 그래프를 해석할 기회도 주세요.

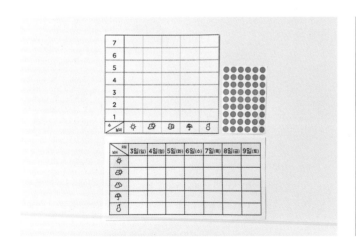

사전 준비

1. 날씨 표 왼쪽 첫 번째 칸에 맑음, 구름 조금, 흐림, 비, 눈 등 날씨 아이콘을 그리고, 맨 윗줄에는 날짜를 적어서 날씨 표를 만들어주세요.

2. 날씨 그래프 가로축에는 날씨 아이콘을 그리고, 세로축에는 수를 적어 날씨 그래프를 만듭니다.

*날씨 확인은 스마트폰 등을 통해 일주일을 한 번에 봐도 되고, 일주일간 매일 아이와 기록하는 것도 좋습니다.

준비물 종이, 펜, 원형스티커

1 날씨 표의 날씨 아이콘들을 보고 각 아이콘이 어떤 날씨를 말하는지 알아봅니다.

- 해 모양은 구름이 없고, 비가 오지 않아 날씨가 매우 맑다는 뜻이야.

- 구름에 해가 가려진 것은 어떤 날씨를 말하는 걸까?

2 스마트폰이나 텔레비전을 통해 날씨를 확인하고, 날씨 표에 스티커를 붙여봅니다.

- 사랑이가 완성한 날씨 표를 보고 이번 주 날씨가 어땠는지 이야기해볼까?

- 어떤 날씨에 스티커가 가장 많이 붙어 있지?

표 만들기

날씨 요일	3일(일)	4일(월)	5일(화)	6일(수)	7일(목)	8일(금)	9일(토)
☀	●	●	●				
⛅				●		●	
☁					●		
☂							●

⭐ 저녁이 되면 아이콘이 해에서 달로 바뀌니 되도록 낮에 날씨를 확인해주세요.

3 일주일 날씨를 그래프로 만든 뒤, 일주일 동안 어떤 날씨가 많고 적었는지 이야기해보세요.

- 맑은 날은 흐린 날보다 몇 번 더 많았을까?

- 이렇게 만드니 어떤 날씨가 많고 적었는지 한눈에 보고 비교할 수 있어서 정말 좋구나!

그래프 만들기

 한 달 날씨를 꾸준히 기록하여 표와 그래프를 만드는 활동도 해보세요.

어떤 맛이 많이 들어있을까?

젤리 원그래프

젤리 포장을 뜯어 어느 색 젤리의 비율이 높은지 확인한 후 맛있는 젤리를 냠냠 먹는 활동을 해봐요. 아쉽게 좋아하는 맛이 가장 많이 들어있지 않아도 젤리로 원그래프 놀이를 하며 매우 즐거운 시간을 보낼 수 있습니다.

놀이 효과 원그래프 이해 / 자료 정리하기 / 분류하기 / 비교·분석력 발달

 엄마 선생님 도움말

막대그래프가 수치를 사용하여 그 많고 적음을 볼 수 있는 그래프라면 원그래프는 전체와 부분 사이의 관계를 비율로 나타내는 그래프입니다. 이 활동으로 색깔별 젤리의 상대적인 양을 비교할 수 있으며, 훗날 공부하게 되는 비율을 이해하고 '%'를 읽는 활동을 쉽게 할 수 있습니다. 놀이 중에 "초록색은 37개 중에 몇 개지?"와 같은 질문을 통해 전체에 대한 부분의 개수를 생각할 수 있게 해주세요.

사전 준비

1. 여러 가지 색(맛)이 들어있는 젤리(30~40개입) 한 봉지를 준비해주세요.

2. 종이에 지름이 10cm 정도 되는 크기의 원을 그린 뒤, 한가운데에 점을 찍어서 원그래프 그릴 준비를 해주세요.

준비물 젤리, 도화지, 펜, 색연필, 작은 자

182

1 젤리 봉지를 뜯어 색깔별로 젤리를 분류하고, 동그라미의 테두리에 같은 색 젤리끼리 줄 맞춰 올려 놓습니다.

🔵 몇 가지 색의 젤리가 들어있지? 색깔별로 나눠볼까?

🔵 젤리가 총 몇 개 들었는지 세어보고, 색깔별로도 몇 개씩인지 세어보자.

원그래프 그리기

2 서로 다른 색 젤리가 만나는 곳부터 가운뎃점까지 선을 그어 각 젤리의 자리를 나눕니다.

🔵 동그라미 안에서 여러 가지 색깔의 자리가 정해졌네!

🔵 이렇게 동그라미에 자리를 나누면 어떤 점이 좋을까?

⭐ 선을 그을 자리에 자를 대어주면 더욱 쉽게 선을 그을 수 있습니다.

3 젤리와 같은 색으로 각 영역을 색칠하고, 영역이 넓은 순서대로 이야기해봅니다.

🔵 노란색 젤리 자리와 보라색 젤리 자리 중 어디가 더 넓을까?

🔵 가장 넓은 자리를 차지하고 있는 젤리부터 순서대로 이야기해볼까?

🔵 노란색 젤리는 37개 중에 몇 개지?

분수를 공부해보았다면 각 영역 안에 각 젤리의 개수를 분수로 표현해보세요. 예를 들어 젤리 봉지 안에 총 30개가 들어있었고, 빨간색 젤리가 5개 들어있었다면 빨간색 칸 안에 $\frac{5}{30}$를 적는 것입니다.

자료와 가능성
★★★★☆

빙빙 돌려봐!
클립 돌리기 놀이

회전판의 중심에 클립과 연필을 올려두고 클립을 톡 치면 클립이 빙글빙글 돌아가요. 클립이 어느 색에서 멈춰 서게 될지 눈을 반짝이며 관찰하는 아이의 모습을 볼 수 있으실 거예요. 회전판에서 각 색깔이 차지하고 있는 자리가 다르므로 가능성을 예측할 수 있는 활동이랍니다.

놀이 효과   일이 일어날 가능성 예측하기 / 자료 정리 및 해석하기 / 관찰력 발달 / 소근육 발달

 엄마 선생님 도움말

가능성을 파악하는 활동은 아이가 앞으로 다양한 자료를 이해하고 이를 바탕으로 의사결정을 하는 데 도움을 줍니다. 물론 클립을 여러 번 돌렸을 때 좁은 자리를 차지하고 있는 색이 가장 많이 나올 수도 있습니다. 일이 일어날 가능성은 앞으로 실현될 수 있는 정도를 말하는 것으로 정해지지 않았기 때문입니다. 그럴 때는 자리 차지를 많이 하고 있는 주황색이 나올 가능성이 크지만 예외도 있다는 것을 이야기해주세요.

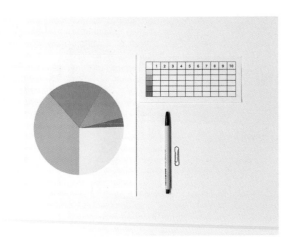

사전 준비

1. 지름 10cm 정도의 원을 그린 뒤, 회전판 중심을 기준으로 서로 다른 넓이의 다섯 칸으로 나누고 서로 다른 색으로 색칠하여 회전판을 만들어주세요.

2. 가로 11칸X세로 6칸을 그린 뒤, 왼쪽 첫 번째 칸을 회전판에 있는 색과 같은 색으로 색칠해주고, 맨 윗줄에 숫자를 써주세요.

준비물 종이, 펜, 볼펜(또는 연필이나 샤프펜슬), 클립

1 동그라미 회전판을 보며 각 색깔이 차지하는 넓이가 많은 순서대로 이야기해봅니다. 그런 다음 회전판 중심에 연필에 클립을 끼워 올리고 클립을 돌립니다.

💬 어떤 색이 가장 넓은 자리를 차지하고 있지?

💬 넓은 순서대로 말해볼까?

💬 클립이 어떤 색 위에서 멈추게 될까?

2 클립을 총 10회 돌리며 어떤 색이 나왔는지 표에 'O'로 기록합니다.

자료 정리하기

💬 클립이 초록색을 가리키네. 네모 모양 표의 초록색 옆에 동그라미를 그려보자.

💬 보라색 자리가 가장 좁네. 클립이 보라색에서 멈출 수도 있을까?

3 표를 보며 어떤 색깔이 많고 적게 나왔는지 말해보고, 각 색깔의 넓이와 클립을 돌렸을 때 나오는 결과가 어떤 관련이 있는지 이야기해봅니다.

가능성 예측하기

💬 주황색이 제일 많이 나왔구나. 왜 주황색이 가장 많이 나왔을까?

💬 주황색 자리가 넓어도 클립이 다른 색깔을 더 많이 가리킬 수도 있단다.

동그라미 회전판 안에 각 항목이 차지하는 넓이를 같게 만들어 회전판을 돌리는 활동도 해보세요. 특히 신발 정리 당번 정하기, 보드 게임 순서 정하기 등 공정한 조건이 필요할 때 활용할 수 있습니다.

어떤 사탕을 뽑을까?

사탕 뽑기 놀이

갑 티슈에 사탕 수를 다양하게 조합하여 넣고, 손을 넣어 사탕을 여러 번 뽑으며 일이 일어날 가능성을 예측하고 확인해보는 활동입니다. 일이 일어날 가능성을 예측하고 일상생활에서 더 합리적인 의사결정을 하는 능력을 기를 수 있습니다.

놀이 효과 일이 일어날 가능성 예측하기 / 자료 정리하기 / 20 가르기 / 추론능력 발달

 엄마 선생님 도움말

③번 활동을 할 때는 갑 티슈에 레몬맛 사탕만 20개를 넣는 등 개수를 자유롭게 조합할 수 있도록 해주세요. 사탕을 뽑았을 때 딸기 맛이 나오는 불가능한 상황에 대한 가능성을 예측할 수 있기 때문입니다. 놀이 후에는 일상생활에서 "내일 아침에도 해가 뜰까?" "동전을 던졌을 때 어떤 면이 나올까?" 등의 질문을 통해 가능성에 관해 자주 이야기를 나눠보세요.

사전 준비

1. 먼저 딸기맛 15개와 레몬맛 5개처럼 두 가지의 수가 차이 나도록 사탕 20개를 조합하여 갑 티슈 상자에 넣어주세요.

2. 종이에 가로 11칸×세로 3칸을 그린 뒤 첫 번째 세로 칸에 2가지 맛 사탕을 각각 붙여주세요.

준비물 갑 티슈 상자, 두 종류 사탕 20개씩, 종이, 펜, 접시 2개

1

상자 안에 손을 넣어 사탕을 한 번 뽑아요. 그 사탕을 상자에 넣은 뒤 다시 사탕을 뽑아봅니다.

● 손을 넣어 사탕을 뽑아봐. 어떤 사탕이 나올까?

● 딸기맛 사탕이 나왔네. 딸기맛 사탕을 다시 넣고 뽑아보렴. 이번에는 어떤 맛이 나올까?

2

사탕을 10번 뽑고 표에 기록한 다음, 상자에 있는 두 가지 맛 사탕을 모두 꺼내어 수를 세어봅니다.

● 딸기맛 사탕이 15개, 레몬 맛 사탕이 5개 들어있었네.

● 왜 딸기맛 사탕이 레몬맛 사탕보다 더 많이 나왔을까?

자료
정리하기

3

딸기맛 사탕 10개와 레몬맛 사탕 10개, 딸기맛 사탕만 20개, 또는 레몬맛 사탕 14개와 딸기맛 사탕 6개 등과 같이 다양한 조합으로 사탕 20개를 상자에 넣고, 각각 10번씩 뽑아 그 결과를 표에 정리합니다.

● 딸기맛 사탕만 20개 넣으면 어떻게 될까? 10번 뽑으면 항상 딸기맛 사탕만 나오겠네!

● 레몬맛 사탕을 14개 넣고, 딸기맛 사탕은 6개 넣었네. 열 번 뽑으면 어느 맛이 더 많이 나올까?

가능성
예측하기

20을 가르기 하는 것이 어려울 때는 사탕의 개수를 줄여주세요. 놀이 후에는 3가지 맛 사탕을 섞어서 일이 일어날 가능성을 예측하는 활동도 해보세요.

부록:수학 개념 카드

영

하나 일(1)

둘 이(2)

셋 삼(3)

넷 사(4)

다섯 오(5)

여섯 육(6)

일곱 칠(7)

셀 수 있는 사물이 하나, 일이야.

아무것도 없는 것이 영이야.

셀 수 있는 사물이 셋, 삼이야.

셀 수 있는 사물이 둘, 이야.

셀 수 있는 사물이 다섯, 오야.

셀 수 있는 사물이 넷, 사야.

셀 수 있는 사물이 일곱, 칠이야.

셀 수 있는 사물이 여섯, 육이야.

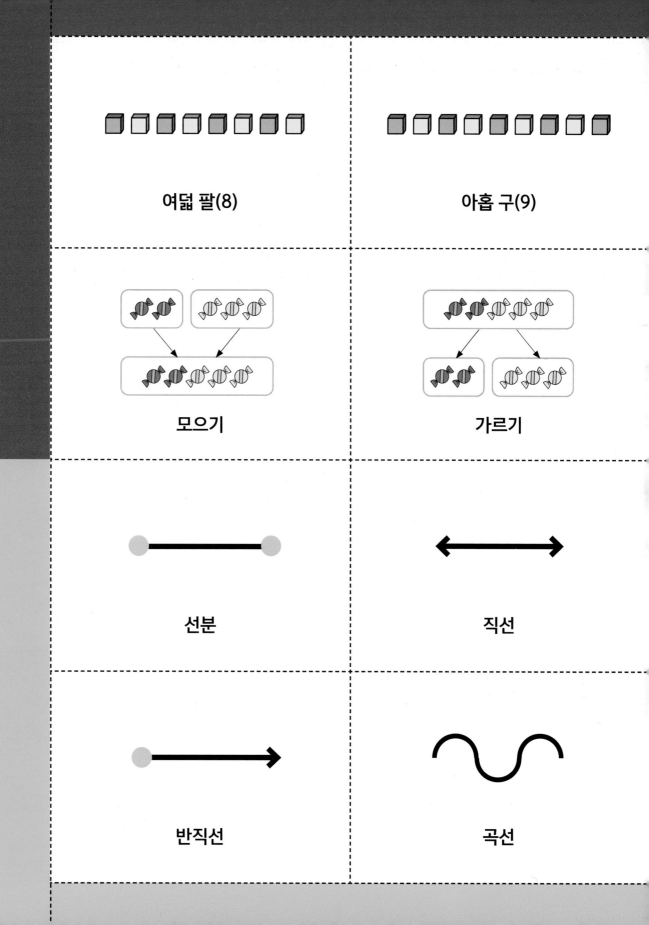

여덟 팔(8)

아홉 구(9)

모으기

가르기

선분

직선

반직선

곡선

셀 수 있는 사물이 아홉, 구야.

셀 수 있는 사물이 여덟, 팔이야.

사탕 5개는 2개와 3개로
가를 수 있단다. 이게 바로 뺄셈이야.

사탕 2개와 3개를 모으면
5개가 된단다. 이게 바로 덧셈이야.

선분을 양쪽으로 끝없이 늘인
곧은 선이 직선이야.

두 점을 곧게 이은 선이 선분이야.

부드럽게 굽은 선이 곡선이야.

한 점에서 한쪽으로만 끝없이 늘인
곧은 선이 반직선이야.

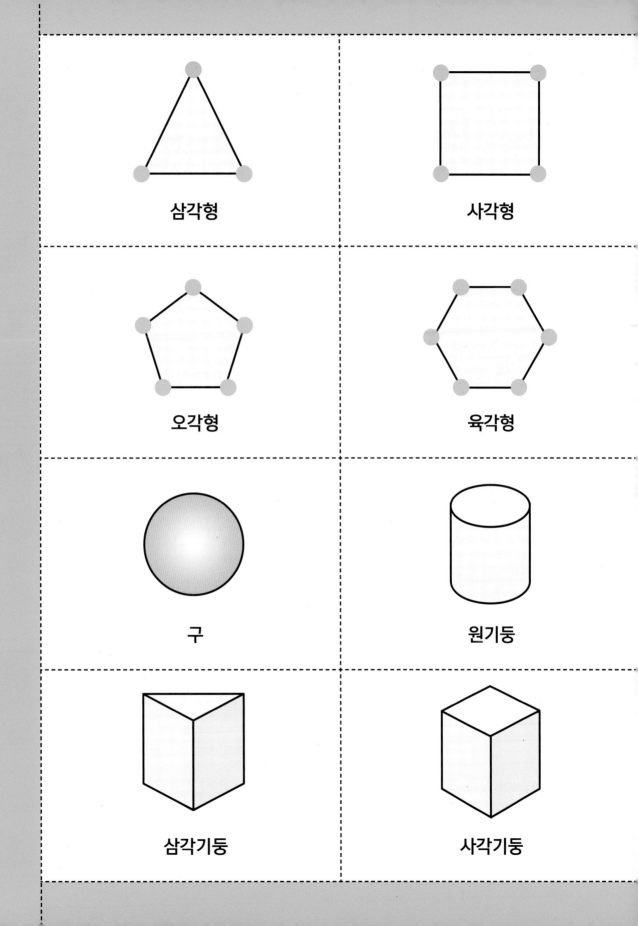

삼각형

사각형

오각형

육각형

구

원기둥

삼각기둥

사각기둥

사각형은 네 개의 변과
네 개의 꼭짓점으로
이루어진 도형이야.

삼각형은 세 개의 변과
세 개의 꼭짓점으로
이루어진 도형이야.

육각형은 여섯 개의 변과
여섯 개의 꼭짓점으로
이루어진 도형이야.

오각형은 다섯 개의 변과
다섯 개의 꼭짓점으로
이루어진 도형이야.

음료수 캔처럼 둥근 기둥이
원기둥이야.

공, 구슬 모양 도형이 구야.

위와 아래에 있는 면 모양이
각각 사각형인 사각기둥이야.

위와 아래에 있는 면 모양이
각각 삼각형인 삼각기둥이야.

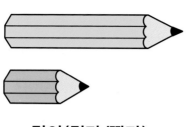

길이(길다/짧다)

무게(무겁다/가볍다)

들이(많다/적다)

넓이(넓다/좁다)

몇 시 읽기

몇 시 30분 읽기

몇 분 읽기

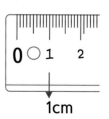

1cm(일 센티미터)

가위와 연필 중에
무엇이 더 무거울까?

어느 연필이 더 길까?

색종이와 공책 중
어느 것이 더 넓을까?

두 컵에 담긴 물 중에
어느 쪽이 많을까?

분침이 6에 있으면 30분이야.
시침이 3과 4 사이에 있네?
아직 4시가 안 됐으니
3시 30분으로 읽는단다.

짧은 바늘은 시침,
긴 바늘은 분침이라고 해.
짧은 바늘이 3을 가리키고
긴 바늘이 12를 가리키면
3시라고 한단다.

자에 있는 큰 눈금 한 칸을
1센티미터라고 해.

긴 바늘이 1을 가리키면 5분이란다.
2를 가리키면 10분이야.

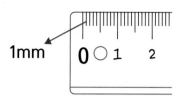

1mm(일 밀리미터)

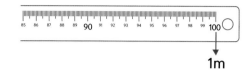

1m(일 미터)

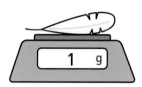

1g(일 그램)

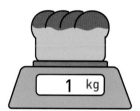

1kg(일 킬로그램)

반복 규칙(AB형)

반복 규칙(AAB형)

반복 규칙(ABC형)

색 규칙

개념 잡는 엄마표 수학 놀이 측정

1cm가 100개 있으면
100cm야.
100cm는 1m와 같단다.

개념 잡는 엄마표 수학 놀이 측정

자에 있는 작은 눈금 한 칸을
1mm라고 해.

개념 잡는 엄마표 수학 놀이 측정

일 킬로그램이라고읽어.
무거운 물건을 잴 때 사용해.

개념 잡는 엄마표 수학 놀이 측정

일 그램이라고 읽어.
가벼운 물건을 잴 때 사용해.

개념 잡는 엄마표 수학 놀이 규칙성

규칙을 찾아볼까?
동그라미 두 개와 세모 한 개가
계속 반복되네?

개념 잡는 엄마표 수학 놀이 규칙성

규칙을 찾아볼까?
동그라미 한 개와 세모 한 개가
계속 반복되네?

개념 잡는 엄마표 수학 놀이 규칙성

규칙을 찾아볼까?
파란색 두 개와 빨간색 한 개가
반복되네?

개념 잡는 엄마표 수학 놀이 규칙성

규칙을 찾아볼까?
동그라미 한 개, 세모 한 개,
네모 한 개가 계속 반복되네?

증가하는 규칙

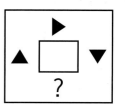

움직이는 규칙

색과 모양이 혼합된 규칙

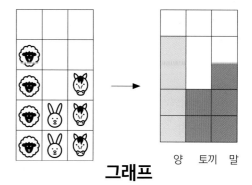

그래프

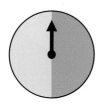

일이 일어날 가능성

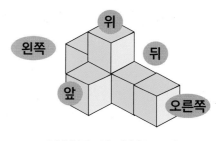

위치를 설명하는 말

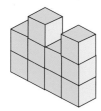

반복되는 규칙

+	0	1	2	3
0	0	1	2	3
1	1	2	3	4
2	2	3	4	5
3	3	4	5	6

수 배열 규칙

개념 잡는 엄마표 수학 놀이 규칙성

▲가 시계방향으로 도는구나.
▼ 다음에는 무엇이 와야 할까?

개념 잡는 엄마표 수학 놀이 규칙성

규칙을 찾아볼까?
처음에는 동그라미 1개, 그다음에는
2개, 3개로 하나씩 늘어나네?

개념 잡는 엄마표 수학 놀이 규칙성

그래프를 보면 어느 동물을
가장 좋아하는 것 같니?

개념 잡는 엄마표 수학 놀이 자료와 가능성

규칙을 찾아볼까?
색이 어떻게 변하는지 생각하고,
그다음에 모양이 어떻게 변하는지
생각해보렴.

개념 잡는 엄마표 수학 놀이 자료와 가능성

뒤에서 가장 오른쪽에 있는
쌓기나무 옆에 나무를 쌓으려면
어디에 놔야 할까?

개념 잡는 엄마표 수학 놀이 자료와 가능성

화살을 돌렸을 때 어느 색에 멈출
가능성이 가장 클까?

개념 잡는 엄마표 수학 놀이 자료와 가능성

오른쪽으로 갈수록 1씩 커지네.
아래쪽으로는 몇씩 커지고 있을까?

개념 잡는 엄마표 수학 놀이 자료와 가능성

정사각형 몇 개와 몇 개가
반복되고 있는지 말해볼래?